Flüssiger Sauerstoff

und seine Verwendung als

Sprengstoff im Bergbau

Von

RICHARD PABST

Oberingenieur

Mit 47 Abbildungen und 3 Tafeln

München und Berlin 1917
Druck und Verlag von R. Oldenbourg

Herrn Geheimrat

Professor Dr. phil. Dr. ing. Carl von Linde

zu seinem 75. Geburtstage

in hochachtungsvoller Verehrung

gewidmet

Inhaltsverzeichnis.

Einleitung.

Eine lange Reihe von Jahren ist vergangen, bevor die von Linde der Öffentlichkeit bekanntgegebene Erfindung auf ein »flüssigen Sauerstoff enthaltendes Sprengmittel« die ihr zukommende Verbreitung und Anwendung gefunden hat. Die ersten Versuche von Linde und die eingehende wissenschaftliche Bearbeitung, welche der neue Sprengstoff, damals »Oxyliquit« genannt, erfahren hatte, zeigten schon, daß er in seiner Wirkung den Sprengstoffen mit chemisch gebundenem Sauerstoff gleichkam. Die bequemere Verwendung der letzteren Sprengstoffe aber und auch wohl der Umstand, daß zur Zeit der ersten Versuche mit Oxyliquit geeignete und haltbare Gefäße für die Handhabung mit flüssigem Sauerstoff nicht in gleicher Vollkommenheit wie heute zur Verfügung standen, verhinderte dessen Einführung in den praktischen Betrieb. Durch seine bekannten, überaus erfolgreichen weiteren Arbeiten war Linde außerdem so stark in Anspruch genommen, daß er sich selbst mit dem weiteren Ausbau der Anwendung des neuen Sprengstoffes nicht beschäftigte. Obwohl dies von anderer Seite geschehen ist, wurde doch erst durch die während der Kriegszeit eingetretenen Verhältnisse in der Sprengstoffversorgung des Bergbaues das Interesse für den Sprengstoff mit flüssigem Sauerstoff ein allgemeines, und die nun in der praktischen Anwendung gemachten Erfahrungen bestätigen vollkommen die Erwartungen, welche schon Linde an den neuen Sprengstoff gestellt hatte.

Durch die Anpassung an die Anforderungen des praktischen Betriebes entstand ein vollständig neues Sprengverfahren für den Bergbau, welches nunmehr mit Patronen, Zündern, Flaschen und Gefäßen sowie Maschinen angeboten wurde und sehr schnell eine große Verbreitung fand.

Eingehende Versuche und ihre wissenschaftliche Bearbeitung, sowie die Erfahrungen der Praxis selbst haben dazu beigetragen, daß die einzelnen Zubehörteile zu dem neuen Sprengverfahren weiter ausgebaut worden sind. Die bis heute erreichte Entwicklung dürfte nicht nur für den Fachmann, sondern auch für die Allgemeinheit von Interesse sein.

Mit der vorliegenden Arbeit, ursprünglich als Vortragsthema gedacht, habe ich nun versucht, eine zusammenfassende Übersicht über den heutigen Stand der Verwendung des flüssigen Sauerstoffs zu Sprengzwecken zu geben. Wenn die Arbeit zunächst nicht umfangreicher erschienen ist, so liegt dies an der starken Inanspruchnahme, welche die Kriegszeit an alle hierbei in Betracht kommenden Kräfte stellt. Allen denen aber, welche mich trotzdem durch Überlassung von Material unterstützt haben, sage ich auch an dieser Stelle verbindlichsten Dank; gern gedenke ich hierbei der liebenswürdigen Förderung, welche meine Arbeit durch Herrn Privatdozent Dr. ing. Friedrich Martin zuteil geworden ist. Auch der Verlagsbuchhandlung R. Oldenbourg möchte ich für die gute Ausstattung des Buches danken, welche sie demselben bereitwilligst — besonders im Hinblick darauf, daß die Arbeit zum 75. Geburtstage des Herrn Geheimrat Prof. Dr Carl von Linde erscheinen sollte — hat angedeihen lassen.

Wenn die vorliegenden Ausführungen dazu beitragen sollten, auch unseren s. Zt. aus dem Felde heimkehrenden und in den in Betracht kommenden Gebieten tätigen Fachgenossen die Orientierung über inzwischen erzielte Fortschritte zu erleichtern, so wird damit ein wesentlicher Zweck dieser Arbeit erfüllt sein.

Köln a. Rhein, im Juni 1917.

Richard Pabst.

1. Die Bedeutung der Sprengarbeit im Bergbau.

Bevor die Anwendung von Schießpulver für das Sprengen von Felsen und Gestein im Bergbau zur Einführung kam, war das Zertrümmern von festen Materialien eine außerordentlich mühsame Arbeit. In den Bergwerken wurde das Gestein mit Brechstangen oder mit Schlägel und Eisen abgesprengt, nachdem es vorher zum Teil erst mit Hilfe von Feuer (Feuersetzung) gelockert worden war.

Auch die Kraft der Kapillarität wurde ausgenutzt, indem man in bereits im Gestein vorhandene Spalten feste und trockene Holzkeile trieb, den Zwischenraum mit trockenem Moos ausstampfte und dann Keil und Moos mit heißem Wasser begoß. Die aufquellenden Keile trieben dann das Gestein auseinander. Besonders festes Gestein aber wurde in den Bergwerken nach Möglichkeit umgangen.

Es mutet für unsere heutigen Verhältnisse eigenartig an, daß die Anwendung des Schießpulvers für die Sprengarbeit im Bergbau erst im 17. Jahrhundert Einführung fand, obwohl es bereits im 14. Jahrhundert (Berthold Schwarz 1330) bekannt war. Nach einer Lesart ist das Schießpulver im Jahre 1613 in Freiberg, nach einer anderen am 8. Februar 1627 im Oberbiberstollen bei Schemnitz in Ungarn zuerst im Bergbau angewendet worden.

Jedenfalls aber darf die Einführung der Sprengarbeit unter Benutzung eines im Bohrloch eingeschlossenen Sprengstoffes als ein entscheidender Wendepunkt in der weiteren Entwicklung des Bergbaues und damit auch wohl als ein solcher für die gesamte Kultur bezeichnet werden.

Die Bedeutung der Sprengarbeit im Bergbau wird wohl am besten beleuchtet durch die nachstehenden, aus dem Statistischen Jahrbuch für das Deutsche Reich entnommenen Zahlen, welche die mit ihrer Hilfe bisher erreichte Leistungsfähigkeit unseres Bergbaues angeben.

Im Jahre 1913 betrug allein im Deutschen Reiche, ohne den Bergbau im Großherzogtum Luxemburg, die

	Förderung in 1000 Tonnen	im Werte von
an Steinkohlen	190 109,4 to	2 135 978 000 M.
» Braunkohlen	87 233,1 »	191 920 000 »
» Eisenerzen	25 411,3 »	90 028 000 »
» Blei	34,2 »	484 000 »
» Zink	1,4 »	125 000 »
» Galmei	2,8 »	59 000 »
» Kupfer	886,0 »	31 888 000 »
» Schwefelkies	268,6 »	2 173 000 »
» Wolframerzen.	15,8 »	181 000 »
» Zinn-, Kobalt-, Nickel- und Wismut-Erzen	34,3 »	568 000 »
» Kalisalzen	13 306,3 »	135 825 000 »
» Asphaltgestein	105,5 »	792 000 »

Es wurden demnach zum großen Teil mit Hilfe der Sprengarbeit im Jahre 1913 an Bergwerkserzeugnissen 317,5 Mill. to im Gesamtwerte von rund 2,6 Milliarden M. zutage gefördert.

Aus der Statistik der oberschlesischen Berg- und Hüttenwerke ist der Sprengstoffverbrauch für den oberschlesischen Steinkohlenbergbau für das Jahr 1913 mit 7 909 000 kg für eine Förderung von 43 000 000 to Kohle zu entnehmen. Die Kosten für diese Sprengstoffmenge betrugen M. 5 605 000.

Nach den sonst noch erhaltenen Angaben über den Sprengstoffverbrauch in einzelnen Bergwerksbezirken und einzelnen Gruben errechnet sich hieraus die jährlich insgesamt benötigte Sprengstoffmenge mit etwa 40—45 Mill. kg, wobei der Verbrauch für das Abteufen von Schächten und für reine Gesteinsarbeiten einbegriffen sein dürfte. Die Kosten für diese jährlich gebrauchten Sprengstoffmengen müssen geschätzt werden und dürften nach den Preisen des letzten Friedensjahres 1913 unter Berücksichtigung des höheren Preises für die sogen. Sicherheits-Sprengstoffe etwa 40 bis 50 Mill. M. betragen.

Nichts könnte wohl ein besseres Bild über die große Bedeutung der Sprengarbeit im Bergbau geben, als es sich durch die Betrachtung der verschiedenen Zahlen über die Förderung und die dabei benötigten Sprengstoffmengen von selbst ergibt.

II. Sprengstoffe mit chemisch gebundenem Sauerstoff.

Wie bereits erwähnt, kam im Bergbau als erster Sprengstoff das Schießpulver zur Anwendung und blieb dort zwei Jahrhunderte hindurch konkurrenzlos. Obwohl bereits im 14. Jahrhundert als Erfindung des deutschen Mönches Berthold Schwarz bekannt[1]) und im 17. Jahrhundert für die Sprengarbeit im Bergbau eingeführt, blieb seine Zusammensetzung bis zur Mitte des 19. Jahrhunderts in dieser langen Zeit ohne wesentliche Änderungen. Es wurde mechanisch aus seinen 3 Bestandteilen Schwefel, Kohle und Salpeter gemischt, und Verbesserungen, die das Schießpulver im Laufe der Zeit erfahren hat, beruhten lediglich in Änderungen in den Mischungsverhältnissen und der mechanischen Bearbeitung der Sprengstoffmischung. Die Explosion wurde durch Berührung mit einer Flamme oder durch einen Funken ausgelöst, was bereits genügte, um die Oxydation, die Sauerstoffverbindung des Schwefels und der Kohle durch den Salpeter herbeizuführen und dadurch die plötzliche Wärme- und Gasentwicklung zu erzielen.

Die Fortschritte der organischen Chemie brachten die Anwendung der schon sehr früh, vielleicht schon den alten Ägyptern bekannten Salpetersäure. Durch indirekte Einwirkung derselben auf organische Substanzen erzielte man Sprengstoffe, welche den Sauerstoff in innigerer und vollkommenerer Form an die oxydable Substanz des Moleküls gebunden enthielten, als dies durch die mechanische Beimischung von Salpeter beim Schießpulver möglich war. Vor allem konnte aber die für die explosive Verbrennung hinderliche Wirkung des Alkalis im Salpeter umgangen werden.

Den ersten großen Fortschritt brachte im Jahre 1845 die von den deutschen Chemikern Schönbein in Basel und 1846 von Böttcher in Frankfurt a. Main zuerst praktisch angewandte Explosivkraft der Schießbaumwolle. Diese entsteht, wenn Baumwolle der Einwirkung starker Salpetersäure ausgesetzt wird. Ebenfalls noch im Jahre 1846 zeitigte die Erfindung des Nitroglyzerins — Einwirkung

---

[1]) Weitergehende Forschungen weisen darauf hin, daß in einem Buche aus dem 9. Jahrhundert von Marcus Graecus, welches sich in der Bibliothek zu Oxford befindet, die Zusammensetzung des Schießpulvers angegeben ist. Auch das im Jahre 668 n. Chr. von dem Griechen Kallinikos erfundene »Griechische Feuer« scheint schon ein dem Schießpulver ähnlicher Stoff gewesen zu sein, ebenso wie die in China schon vor der christlichen Zeitrechnung benutzten Gemenge für Feuerwerkskörper.

von Salpetersäure auf Glyzerin — durch den Italiener Sobrero
einen weiteren Fortschritt. Obwohl beide neue Sprengstoffe stark
explosiver Natur waren und infolge der innigeren Bindung des Sauerstoffes mit der oxydablen Substanz sich dem Schießpulver an Sprengkraft weit überlegen zeigten, waren noch viele Verbesserungen notwendig, um diese Sprengstoffe gefahrlos und sicher benutzen zu können.

Den eingehenden Arbeiten und Versuchen des schwedischen In-
genieurs Alfred Nobel gelang es, alle Schwierigkeiten zu überwinden,
und dank seiner Arbeiten sollte das Nitroglyzerin später zum wich-
tigsten aller Sprengstoffe werden.

Die schwierigste Aufgabe bildete aber die Auffindung eines
Mittels, die Sprengkraft des neuen Sprengstoffes auszulösen. Dieses
wurde von Nobel i. J. 1864 in der Knallquecksilber Sprengkapsel gefunden, und mit dieser Erfindung einer brauchbaren Initialzündung
hat Nobel den größten Fortschritt seit der Erfindung des Schießpulvers auf dem Gebiete der Sprengtechnik erzielt. Erst von dieser
Zeit an, zuerst im Jahre 1865, kamen im Bergbau neben dem Schießpulver auch die stärker wirkenden Sprengstoffe zur Anwendung,
und zwar zunächst als Öl unter dem Namen Sprengöl. Schon
1866 wurde das Sprengöl durch Aufsaugen desselben in Kieselgur
in eine besser zu handhabende Form gebracht, welche als Gurdynamit sehr schnell in größeren Mengen hergestellt und auch verwendet
wurde. Durch Lösen von Kollodiumwolle in Nitroglyzerin erfand
Nobel 1878 die Sprenggelatine, und durch Zumischung von Natronsalpeter und Holzmehl zu dem gelatinierten Nitroglyzerin wurden
Gelatinedynamite hergestellt, welche den Nitroglyzerin-Sprengstoffen
eine führende Bedeutung gaben. Die erste umfangreichere Anwendung fanden diese bei den Sprengarbeiten zur Herstellung des
St. Gotthard-Tunnels.

Das Verlangen nach noch brisanteren Explosivstoffen wurde
durch die plötzliche Entdeckung der Detonationsfähigkeit der selbst
schon seit einem Jahrhundert bekannten Pikrinsäure durch Turpin
1885 erfüllt. Die verschiedenen Pikrinsäure-Zusammenstellungen
mit Nitronaphthalin, Kampfer, Dinitrotoluol usw. kamen unter den
Namen Melinit, Liddit, Perlit, Schimose, Pikrinit, Ekrasit usw. in
Gebrauch. Da diese in ihrer Handhabung aber weit gefährlicher
waren als die Dynamite, suchte und fand man auf Grund eingehender
Versuche, welche von 1902 bis 1904 in Schlebusch von der Karbo-
nit-Fabrik durchgeführt wurden, einen gleichwertigen Ersatz der
Pikrinsäure in dem ihrer Konstitution sehr ähnlichen Trinitrotoluol.

Diese Explosivstoffe werden unter den Namen Trotyl, Trinol, Trilit, Trolit und auch, wenn es sich um gelatiniertes, plastisch gemachtes Trinitrotoluol handelt, als Triplastit und Plastrotyl hergestellt.

Infolge ihrer völligen Indifferenz und der hervorragenden Unempfindlichkeit gegen mechanische Einwirkung eignen sich die Trinitrotoluol-Sprengstoffe wie keine anderen zur Anwendung für militärische Zwecke.

Für den Bergbau sind von größerer Wichtigkeit die im Jahre 1884 zuerst zur Verwendung gekommenen sogen. Sicherheitssprengstoffe, welche seit etwa 1888 ständig auf dem Markt erschienen. Je größer die Tiefe wurde, aus welcher der Bergbau die Steinkohlen zu Tage förderte, desto mehr hatte man mit Schlagwetter- und Kohlenstaubgefahr zu rechnen, und umso größere Bedeutung gewannen die Sicherheitssprengstoffe mit ihrer großen relativen Wettersicherheit und ihrer geringeren Empfindlichkeit gegen Stoß, Schlag und Entzündung. Im Jahre 1909 betrug die Erzeugung der Ammonsalpetersprengstoffe allein in Deutschland 10 Mill. und zwei Jahre später bereits 15 Mill. kg. Die dem Ammonsalpeter zugesetzten Bestandteile sind entweder nur einfach brennbar, wie Naphthalin, Harz, Öl, Fette, Mehl usw., oder sie sind selbst Sprengstoffe, wie Nitroglyzerin, Dinitroglyzerin, Schießbaumwolle, Trinitrotoluol u. a. Von den ersteren Beimischungen genügen schon kleine Mengen, um den im Ammonsalpeter enthaltenen Sauerstoff zu binden. Werden Sprengstoffe hinzugemischt, die ihren eigenen Sauerstoffgehalt haben, kann die Menge beliebig gewählt werden. Außer den Ammonsalpetersprengstoffen hat man auch Karbonite und Gelatinedynamite durch Zusatz von Mehl und Kali- oder Natronsalpeter, bei den letzteren zum Teil auch von Ammonsalpeter, zu Sicherheitssprengstoffen gemacht.

Den vorstehend genannten Sprengstoffen wird der vor allem nötige Sauerstoff durch die zur Verwendung kommenden Salpeterarten oder durch Verwendung von Salpetersäure zugeführt, wozu große Mengen Salpeter benötigt werden. Mit Ausbruch des Krieges mußte in erster Linie der Sprengstoffbedarf der Heeresverwaltung sichergestellt werden; infolgedessen wurden Salpeter und Salpetersäure für den Heeresbedarf beschlagnahmt. Für den Sprengstoffbedarf des Bergbaues galt es nun, Ersatz zu schaffen. Als solche Mittel kamen in erster Linie die Kaliumchlorat- und Kaliumperchloratsprengstoffe in Betracht, weil sie bereits längere Zeit, wenn auch in geringerem Umfange, im Gebrauch waren. Sie sind unter den Namen Silesia und Miedziankit, Alkasit, Permonit, Perilit, Persalit u. a. m. schon bekannt und im Handel. Während wir in Deutschland für den Bezug von Salpeter vom Auslande abhängig sind, bieten die Chlorate den Vorteil, daß sie im Inlande hergestellt werden können, weil die dazu benötigten Rohstoffe, Alkalichloride, wie Chlorkalium und Chlornatrium in reicher Menge zur Verfügung stehen und außerdem die erforderliche elektrische Energie durch Wasserkraft und auch durch Ausnutzung der Kohle reichlich vorhanden ist. Die Sicherheit in der Handhabung der Chloratsprengstoffe soll zwischen derjenigen der Dynamite und Ammonsalpetersprengstoffe liegen, während sie deren Wirkung kaum erreichen. Infolge vorgekommener Explosionen, deren Ursache nicht ganz aufgeklärt ist, stand man den Chloratsprengstoffen im Bergbau mit einem gewissen Mißtrauen gegenüber, was ihre Einführung ungünstig beeinflußte. Die Erfahrungen, welche während des Krieges mit der notgedrungen umfangreicheren Anwendung der Chloratsprengstoffe gemacht worden sind, werden auch hier wohl dazu beitragen, Verbesserungen in ihrer Herstellung und Anwendbarkeit zu schaffen. Jedenfalls wird ihre weitere Entwickelung für den Bergbau von Interesse sein. Sowohl die unter Verwendung von Salpeter als auch die mit Benutzung von Kaliumchlorat hergestellten Sprengstoffe enthalten die zur Verbrennung der Kohlenstoffverbindungen nötigen Sauerstoffmengen in chemisch gebundener Form. Die Anforderungen, welche der Krieg an die uns in Deutschland zur Verfügung stehenden Sprengstoffmengen stellte, waren dann Veranlassung, daß dem bereits von Linde im Jahre 1897 erfundenen Sprengstoff, welcher verflüssigten Sauerstoff als Beimengung benutzt, größere Beachtung geschenkt und daß seine Anwendung ausgebaut wurde.

III. Sprengstoffe mit flüssigem Sauerstoff.

a) Geschichtliches.

Im Mai 1895 hatte Linde den von ihm erfundenen Luftverflüssigungsapparat, mit welchem es möglich war, flüssige Luft in größeren Mengen mit verhältnismäßig einfachen Mitteln herzustellen, der Öffentlichkeit vorgeführt, und schon im Jahre 1897 setzte ihn seine rastlose und geniale Tätigkeit in die Lage, auch ein Patent auf ein »flüssigen Sauerstoff enthaltendes Sprengmittel« anzumelden. Linde selbst sagt darüber:

»Die überaus lebhaften Verbrennungserscheinungen, die uns schon bei der ersten Beschäftigung mit flüssiger Luft entgegengetreten waren, veranlaßten mich zu dem Versuche, durch Verbindung mit geeigneten Brennstoffen ein neues Sprengmittel herzustellen.«

Da dieses Patent von Linde die Grundlage bildet für alle weiteren Arbeiten und Fortschritte, die das Sprengen mit flüssigem Sauerstoff betreffen, sei hierunter der volle Wortlaut desselben angeführt (D.R.P. Nr. 100146 vom 14. August 1897):

Durch das englische Patent Nr. 1665/86 ist ein Verfahren bekannt geworden, eine Sprengladung für Sprengpatronen aus der erforderlichen oxydierbaren Substanz und freiem Sauerstoff herzustellen, wobei der Sauerstoff — dem Standpunkt der Technik zu damaliger Zeit entsprechend — in gasförmigem Zustand und deshalb notgedrungen stark komprimiert verwendet werden mußte. Um den für die Sprengwirkung erforderlichen sehr hohen Druck des Sauerstoffgases halten zu können, mußte man das Gas in starkwandigen Gefäßen unter diesen Druck setzen. Jede Explosion verbraucht also ein solch starkwandiges Metallgefäß, dieses muß mithin durch die Explosion zertrümmert werden, und ein wesentlicher Teil der Sprengwirkung geht von vornherein bei Zerreißung des Gefäßes verloren. Für industrielle Verwendung war jenes Verfahren nach allem durchaus ungeeignet.

Das Lindesche Luftverflüssigungsverfahren (D.R.P. Nr. 88824) ermöglicht es, industriell verwendbaren flüssigen Sauerstoff oder eine besonders sauerstoffreiche flüssige Luft mit Leichtigkeit überall herzustellen. Eingehende Versuche erwiesen, daß ein unter atmosphärischem Druck stehendes Gemisch aus solchergestalt gewonnenem flüssigen Sauerstoff in mehr oder weniger reiner Form und oxydierbarer Substanz sich ähnlich wie Dynamit verhält, d. h. daß es bei gewöhnlicher Entzündung gefahrlos abbrennt, dagegen bei Entzündung durch Sprengkapseln Detonationen mit brisanter Wirkung ergibt. Damit ist man zur Herstellung eines sehr wirksamen Sprengmittels gelangt, welches zu ganz billigen Preisen herstellbar ist.

Zur Herstellung des neuen Sprengmittels verwendet Erfinderin einerseits verflüssigte atmosphärische Luft, aus welcher durch Abdampfen ein mehr oder weniger großer Teil des Stickstoffs entfernt war, und anderseits verschiedenartige oxydierbare Substanzen, wie Holzkohle, Holzstoff, Schwefel, Petroleum usw. Die auf diesen Versuchsergebnissen fußende Sprengmethode gewährt insbesondere die folgenden Vorteile:

1. Das Sprengmittel wird erst unmittelbar an der Verwendungsstelle durch das Zusammenbringen des flüssigen Sauerstoffes mit der oxydierbaren Substanz gebildet und kann wegen der Verdampfung des Sauerstoffes nicht aufbewahrt werden. Es kommen also die aus dem Transport und aus widerrechtlicher Entnahme sich ergebenden Gefahren in Fortfall.

2. Wenn während einer längeren Dauer an einem und demselben Orte Sprengungen vorzunehmen sind, wie bei Bergwerken, Tunnelbauten usw., so stellt sich unter Verwendung einer besonderen Luftverflüssigungsmaschine das neue Sprengmittel sehr viel billiger als die bisher verwendeten.

3. Bei richtiger Wahl der oxydierbaren Substanz und genügender Reinheit des flüssigen Sauerstoffs lassen sich Gemenge herstellen, deren Verbrennungsprodukte fast ausschließlich in Kohlensäure bestehen, also den höchsten Anforderungen an ein wirksames Sprengmittel entsprechen.

Bei Benutzung im Gestein darf das neue Sprengmittel nicht unmittelbar in die Bohrlöcher gebracht werden, weil hierbei die Wärmezufuhr und demgemäß die Verdampfung zu lebhaft ist, sondern es wird dasselbe zunächst in isolierende Hülsen eingefüllt (bestehend aus Papier, Holzstoff oder anderen geeigneten Materialien), welche nur eine langsame Verdampfung der Flüssigkeit zulassen. Soll eine oxydierbare Substanz in flüssigem Zustande angewendet werden, wie z. B. Petroleum, so muß sie zunächst in eine Form gebracht werden, bei welcher sie dem hinzuzubringenden Sauerstoff eine sehr große Oberfläche darbietet. Es wird beispielsweise Baumwolle mit Petroleum getränkt, in die Hülsen gebracht und alsdann der flüssige Sauerstoff, bzw. die sauerstoffreiche flüssige Luft.

Patentansprüche:

1. Sprengmittel, bestehend aus einer Mischung von flüssigem Sauerstoff, bzw. flüssiger Luft und oxydierbaren Stoffen.

2. Benutzung isolierender Hülsen für das Einbringen des Sprengmittels nach Anspruch I in die Bohrlöcher.

Den neuen Sprengstoff nannte Linde »Oxyliquit« und gründete gemeinsam mit der Dynamit-A.-G. vorm. Alfred Nobel & Co. in Hamburg eine G.m.b.H. unter dem gleichen Namen, um diesen Sprengstoff in die Praxis einzuführen.

Über eingehende Versuche, welche mit Oxyliquit in Schlebusch auf der Sprengstoff-Versuchsstation und in der Zentralstelle für wissenschaftlich-technische Untersuchungen in Neubabelsberg ausgeführt worden sind, berichtet erstmalig 1899 Linde selbst in der Akademie der Wissenschaften. Im Sitzungsbericht vom Jahre 1899 unter dem Titel »Über Vorgänge bei der Verbrennung von flüssiger Luft« ist diese Darlegung über die Ergebnisse der Versuche enthalten. Linde weist hierbei schon darauf hin, daß eine Mischung von Petroleum — (Kohlenwasserstoff) — und flüssiger Luft — (Sauerstoff) — in Kieselgur — (Aufsaugemittel für beides) — in Bezug auf Brisanz und Wirkung die Sprenggelatine übertraf.

Die ersten Versuche mit dem neuen Sprengstoff werden in einem Aufsatz im ersten Jahrgang der »Zeitschrift für das gesamte Schieß- und Sprengstoffwesen« 1906 von Dr. Sieder beschrieben. Danach wurde zuerst in einem Kästchen aus Weißblech ein Brei aus feingepulverter Holzkohle und flüssiger Luft angerührt und dann mittels Zündschnur und Knallquecksilberkapsel mit guter Wirkung zur Detonation gebracht. Hiernach angestellte Versuche, den in einem mit Schafwolle isolierten Behälter angerührten Sprengbrei in Bohrlöcher zu füllen und dann abzutun, hatten im Kohlenbergwerk Penzberg in Oberbayern nicht den für eine praktische Anwendung erwünschten Erfolg. Weitere Versuche aber brachten dann schon Sprengpatronen, die in besonderen, isolierenden Hülsen den Kohlenstoff enthielten, welchem die flüssige Luft entweder durch Einfüllen mittels Papierröhren oder durch Eintauchen und Vollsaugen zugeführt wurde. Durch Verbesserung der isolierenden Hülsen gelang es, den Patronen eine längere Lebensdauer zu geben. Als Kohlenstoffträger kam auf Grund der Versuche in Schlebusch eine Mischung von Petroleum + flüssige Luft + Kieselgur zur Anwendung. Die Zusammensetzung 40% Petroleum + 60% Kieselgur wird als besonders günstig genannt, weil diese Patrone das Doppelte ihres Gewichtes an flüssigem Sauerstoff aufzunehmen vermochte. Kieselgur wurde bald darauf durch Korkkohle ersetzt, weil erstere als nicht brennbarer Zusatz die Wirkung beeinträchtigte. Bei den damaligen eingehenden Versuchen wurden auch schon alle möglichen anderen oxydablen Substanzen in die Untersuchung miteinbezogen. In der bereits angeführten Veröffentlichung von Dr. Sieder sind genannt: Kieselgur mit Ölsäure, Leinöl, Paraffinöl, Teeröl, Solaröl, Goudron, Petroleumäther, Benzin, Benzol, Alkohol, Rohpetroleum, Petroleumrückstände, Naphtalin, Paraffin, aber auch Watte, Holzmehl, Weizenmehl, Kalisalpeter, Ammonsalpeter und Ruß sind bereits in dieser Veröffentlichung angegeben.

Auch praktische Anwendung hatte der neue Sprengstoff bereits im Jahre 1899 gefunden, als es Linde infolge seiner Beziehungen zu dem Baukonsortium des Simplontunnels erreichte, daß dort bei den umfangreichen Sprengarbeiten Dauerversuche mit Oxyliquit durchgeführt wurden. Herr Dr. Friedr. Linde, des Erfinders ältester Sohn, leitete diese Versuche, für welche zunächst eine kleinere Luftverflüssigungsanlage in Brieg aufgestellt worden war. Die Resultate waren in Bezug auf die Wirkung zufriedenstellend. Die Luftverflüssigungsanlage lieferte aber nur für eine oder zwei Sprengladungen von je 8 gleichzeitig abzutuenden Schüssen genügende Mengen Sauerstoff, so daß also gleichzeitig mit verschiedenen Sprengstoffen geschossen werden mußte, weshalb man im Einverständnis mit dem Baukonsortium beschloß, eine Luftverflüssigungsanlage mit 50 Liter stündlicher Leistung aufzustellen. Die Bauleitung des Simplontunnels, in den Händen des Herrn Brandt, hatte dem Oxyliquit also auch auf Grund der praktischen Versuche großes Interesse entgegengebracht. Bevor die beschlossene Aufstellung der größeren Luftverflüssigungsanlage aber durchgeführt werden konnte, trat infolge des plötzlichen Todes des Herrn Brandt eine Änderung in der Bauleitung und damit leider auch in der Ansicht über die weitere Anwendung des neuen Sprengstoffes Oxyliquit ein, und die Fortsetzung der Versuche unterblieb.

Von einer zweiten praktischen Anwendung berichtet Dr. Sieder, welcher 203 Sprengungen mit Oxyliquit im März und April im Jahre 1900 bei den Aufräumungsarbeiten an der im September 1899 infolge des Hochwassers eingestürzten Prinzregentenbrücke in München vorgenommen hat. Die Sprengungen an einem Brückenwiderlager und an Betonblöcken sind, zum Teil unter Wasser, mit gutem Erfolge ausgeführt worden. In seinem Aufsatz vom Jahre 1906 sagt Dr. Sieder hierüber:

>Der Sprengstoff zeigte sich in Bezug auf die Wirkung
immer als hervorragend; in Bezug auf die Handhabung wies

er noch manche Mängel auf, und insbesondere wurde es unangenehm empfunden, daß bei geringeren Bohrlochdurchmessern die Wirksamkeit infolge der raschen Verdampfung der flüssigen Luft stark zurückging.«

Über Sprengarbeiten mit Oxyliquit nach dem Jahre 1900 ist nichts mehr bekannt geworden. Im Jahre 1904 schreibt Prof. Heise in seinem Werke »Sprengstoffe und Zündung der Sprengschüsse« über den damaligen Stand der Entwickelung des Oxyliquit:

»Das vorgeschlagene Sprengmittel besitzt zweifellos den Vorzug einer großen Billigkeit, wenn die flüssige Luft an Ort und Stelle erzeugt werden kann. Ferner ist die Ungefährlichkeit bei der Handhabung und das Fortfallen der lästigen und stets mit Gefahr verknüpften Lagerung der Sprengmittel hervorzuheben.«

Im übrigen aber wird in diesem Buche einem solchen Sprengstoff wegen des Verhaltens der flüssigen Luft eine praktische Bedeutung für unterirdische Betriebe nicht beigemessen.

Seitens der Oxyliquit-Gesellschaft ist die Erfindung des neuen Sprengstoffes zum Gegenstand eingehendster wissenschaftlicher Untersuchungen gemacht worden; eine Einführung des Oxyliquit in die Praxis ist aber unterblieben. Die Oxyliquit-Gesellschaft stellte ihre Arbeiten sogar bald gänzlich ein, und Linde war durch seine großen und allgemein bekannten Erfolge mit seinen übrigen Arbeiten so stark in Anspruch genommen, daß er selbst nicht dazu kam, die Verwendung des Oxyliquit weiter zu verfolgen.

Aber gerade einer der Erfolge, die Linde mit seinen übrigen Arbeiten hatte, war auch berufen, die weitere Entwickelung der Sprengstoffe mit verflüssigtem Sauerstoff wesentlich zu fördern. Durch die Erfindung des Rektifikations - Verfahrens D. R. P. Nr. 173620 (s. Abschnitt Maschinen zur Gewinnung von flüssigem Sauerstoff) stand bei den später aufgenommenen Arbeiten mit dem neuen Sprengstoff nicht mehr nur flüssige Luft mit geringem Sauerstoffgehalt, sondern nahezu reiner Sauerstoff zur Verfügung. Trotzdem dieser bereits 1902 durch Linde wirtschaftlich hergestellt wurde, blieb die Verwendung flüssigen Sauerstoffs zu Sprengzwecken zehn Jahre hindurch hiervon unberührt, denn man hörte nichts mehr davon, daß die aus den Jahren 1899 und 1900 erwähnten, praktisch ausgeführten und Erfolg versprechenden Sprengversuche wieder aufgenommen worden wären.

Erst im Jahre 1912 nahm der Dipl. Berg- und Hütten-Ingenieur Kowastch den Gedanken, flüssigen Sauerstoff zum Sprengen zu benutzen, von neuem auf und fand in Erzberger und Baldus Förderer seiner Ideen. Unter dem Titel »Verwendung flüssiger Luft zu Sprengzwecken« berichtet Geh. Reg.-Rat L. Kolbe in der »Zeitschrift für Sauerstoff- und Stickstoffindustrie« auf Grund eigener Anschauungen über dieses unter dem Namen »Baldus-Kowastch« bekanntgewordene Verfahren, auf welches die D.R.P. Nr.Nr. 44036, 254647, 265067, 273401 und 277697 erteilt wurden.

Im wesentlichen besteht dieses Verfahren darin, daß der in einer zylindrischen Papphülle befindliche Kohlenstoffträger zusammen mit dem elektrischen Zünder ohne den flüssigen Sauerstoff in das Bohrloch gebracht wird, dann alle Arbeiten, wie Besetzen des Bohrloches, für das Abtun des Schusses ausgeführt werden und erst zum Schluss der Sauerstoff mit Hilfe einer Flasche mit Schlauch eingefüllt wird. Hierfür wird ein von vornherein an der Patrone angebrachtes, aus dem Bohrloch herausragendes Pappröhrchen benutzt. Für das Ableiten der beim Einfüllen in reichlichen Mengen entstehenden Verdampfungsprodukte war neben dem Einfüllröhrchen noch ein zweites Röhrchen vorgesehen.

Die Sprengergebnisse waren, wie dies auch schon bei Linde der Fall gewesen ist, durchaus günstig.

Auch Baldus-Kowastch verwendeten für die Patronen isolierende Hüllen und arbeiteten sowohl mit Petroleum + flüssigem Sauerstoff + Kieselgur, als auch mit anderen oxydablen Substanzen, die von der Veröffentlichung über Oxyliquit als Stoffe, mit denen auch Linde gearbeitet hatte, bekannt waren. Das an sich sehr gute Grundprinzip, den Sprengstoff erst im Bohrloch selbst zu einer fertigen Patrone zu gestalten, hat im Jahre 1913 die Gewerkschaft Deutscher Kaiser veranlaßt, den Versuch zu machen, das Baldus-Kowastch-Verfahren auf einer ihrer Schachtanlagen im praktischen Betriebe einzuführen. Die dem Verfahren aber anhaftende Beschwerlichkeit und Umständlichkeit in der Handhabung, ferner wohl auch der Umstand, daß die Patronenhüllen mit den Einfüll- und Abdampfröhrchen sowie dem gelochten Verteilungsrohr innerhalb der Patrone für das Arbeiten nach diesem Verfahren stets gerade Bohrlöcher mit großen Durchmessern bedingten, haben dann doch verhindert, daß sich dieses Verfahren für die Dauer behaupten konnte. Durch die Tätigkeit Baldus-Kowastch war aber dennoch für die weitere Einführung des flüssigen Sauerstoffs zu Sprengzwecken wichtige Vorarbeit geleistet worden.

Bei der neuen Aufnahme der Sprengungen mit flüssigem Sauerstoff hatte sich gerade bei dem Baldus-Kowastch-Verfahren, welches für jedes Bohrloch ein eigenes Gefäß für den flüssigen Sauerstoff verlangte, ganz besonders die Wichtigkeit gut isolierter und haltbarer Transportgefäße gezeigt.

Heylandt, der sich mit flüssiger Luft im allgemeinen und besonders mit der Herstellung von Flaschen und Gefäßen für flüssige Luft seit Jahren beschäftigte, hatte Mitte des Jahres 1913 gemeinsam mit Ahrendt unter der Firma Maschinen- und Apparatefabrik A. R. Ahrendt & Co. sämtliche Rechte für die Dewar-Patente in allen Staaten erworben, um dieselben für Herstellung guter Flaschen und Gefäße für flüssige Luft zu benutzen. Im Herbst 1914 wurde diese Firma mit dem Bergassessor Schulenburg bekannt, welcher sich für den infolge der eingetretenen Verhältnisse notwendig gewordenen Ersatz der im Bergbau gebräuchlichen Sprengstoffe interessierte. Durch gemeinsame Arbeit des Bergbausachverständigen mit dem Techniker wurde nunmehr dem Bergbau ein durchgearbeitetes Sprengverfahren mit flüssigem Sauerstoff angeboten, welches Patronen, Gefäße und Maschinen umfaßte. Es gründete sich die »Marsitgesellschaft«, die für ihre Patronen das von Linde bereits angewandte Tauchverfahren beibehielt und die Patronen außerhalb des Bohrloches vor Ort fertig machte. Die ersten Sprengungen nach dem sogen. Marsitverfahren wurden bereits Ende 1914 auf der Gleiwitzer Steinkohlengrube mit gutem Erfolg vorgenommen; in der Folge fand dieses Verfahren sehr bald besonders im oberschlesischen Kohlenrevier weite Verbreitung.

Inzwischen hatten Baldus-Kowastch mit der Gewerkschaft Deutscher Kaiser in Hamborn zur Verwertung ihres Sprengverfahrens die »Flüssige Luft-Verwertungs-Gesellschaft« gegründet. Aus Marsit- und Flüssige Luft-Verwertungs-Gesellschaft entstand dann die Sprengluft-Gesellschaft, welche sich die weitere Entwicklung und Organisation des Sprengluftverfahrens sehr angelegen sein ließ.

Die durch den Krieg hervorgerufenen Verhältnisse, welche alle bisherigen Sprengstoffe für Heereszwecke nötig machten und dringend einen Ersatz für die sonst im Salpeter vom Auslande bezogenen und zu Sprengstoffen benutzten Sauerstoffmengen verlangten, hatten die Entwicklung des Sprengens mit flüssigem Sauerstoff wieder angeregt und den Ausbau dieses Sprengverfahrens zu einer Notwendigkeit gemacht. Veranlaßt durch die Erfolge der Sprengluftgesellschaft bezw. deren Vorgänger, haben noch einige andere Firmen sich auf dem gleichen Gebiete betätigt, und auch Dr. Sieder hat 1915 das Sprengen mit flüssiger Luft wieder aufgenommen und seither auch selbst größere Sprengarbeiten ausgeführt.

Den größten Anteil an der jetzt allgemeiner ausgeübten Anwendung des flüssigen Sauerstoffs zu Sprengzwecken hatte die Herstellung brauchbarer Flaschen und Gefäße und nicht zuletzt der Ausbau einer guten Betriebs-Organisation. In der Sprengluftfrage galt es ja nicht, ein absolut neues Sprengverfahren zu schaffen, wohl aber war es wichtig, das Vorhandene zu verbessern und für den praktischen Betrieb nutzbar zu gestalten. Hierzu waren nötig: eine gute Patrone, zuverlässige Zünder und haltbare Transportflaschen und Tauchgefäße für den flüssigen Sauerstoff mit geringen Verdampfungsverlusten. Außerdem war es von Wichtigkeit, daß nunmehr die ebenfalls von Linde erfundene und auch von ihm weiter ausgebildete Erzeugung von nahezu reinem flüssigen Sauerstoff technisch und wirtschaftlich möglich war.

Die bisherigen Erfolge rechtfertigen jedenfalls die Hoffnung, daß man in dem stetig weiter entwickelten Sprengverfahren mit flüssiger Luft bezw. flüssigem Sauerstoff einen guten und an vielen Stellen wohl auch dauernden Ersatz für die bisherigen Sprengstoffe erblicken kann.

b) Patronen für flüssigen Sauerstoff.

Die Wirkung der Patronen beruht darauf, daß man das Molekulargebäude einer oxydablen Substanz, z. B. einer Kohlenstoffverbindung, welcher ausreichend flüssiger Sauerstoff zur schnellen Verbrennung zugeführt ist, zu plötzlichem Einstürzen und Umlagern und dadurch zum Explodieren bringt.

Als brennbare Bestandteile kommen Kohlenstoff und Kohlenwasserstoff in Betracht, welche zu Kohlensäure, auch Kohlenoxyd und Wasserdampf, plötzlich umgesetzt werden, durch Gasentwicklung eine Drucksteigerung im Bohrloch hervorrufen und hierdurch die Sprengung bewirken.

Schon von Linde wurden die verschiedensten Kohlenstoffträger zum Gegenstand eingehender Versuche gemacht. Die günstigste Wirkung hatte man s. Z. mit Kohlenwasserstoffen, besonders mit Petroleum, erreicht. Man ging davon aus, daß sowohl Petroleum als auch der flüssige Sauerstoff von demselben Aufsaugemittel, Kieselgur, aufgenommen und auf diese Weise die zur detonativen Verbrennung notwendige innige Berührung am besten gewährleistet sei. Diese Patronen sind auch in neuerer Zeit noch von Dr. Sieder nach seiner Veröffentlichung vom Jahre 1915 in Verwendung. Dr. Sieder gibt den Patronen eine durch D.R.G.M. geschützte, vierfach ineinandergesteckte isolierende Hülle, wie Fig. 1 zeigt. In neuerer Zeit wurden verschiedene andere sogen. aromatische Kohlenwasserstoffe, wie Rohanthrazen, ebenfalls in Kieselgur, verwendet. Davon ausgehend, daß Kieselgur an der Sprengwirkung doch nicht teilnimmt, sondern eher die Wirkung herabsetzt, hatte Linde schon einen oxydablen Körper, die Korkkohle, als Aufsaugemittel angewendet.

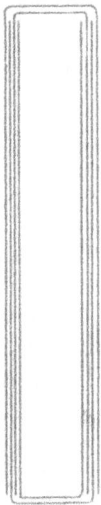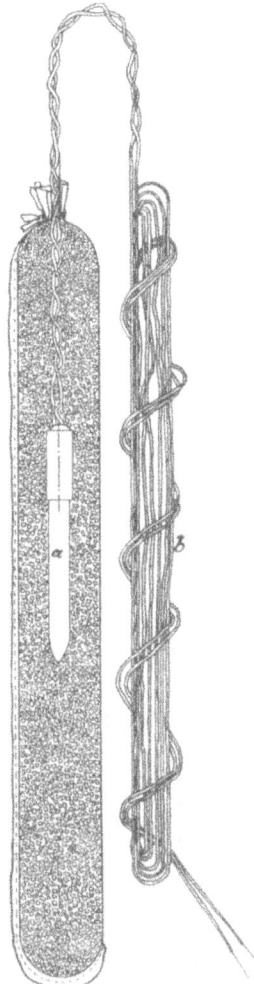

Fig. 1.   Fig. 2.   Fig. 3.

Schulenburg und seine Mitarbeiter, die Sprengluft-Gesellschaft, verwenden aus den gleichen Erwägungen reine Kohlenstoffpatronen in Form von Ruß und ähnlichen sehr leichten Kohlenstoffsorten mit verschiedenen Beimengungen. Einen weiteren grundsätzlichen Unterschied zwischen den Patronen aus Petroleum + Kieselgur sowie Rohanthrazen +

Kieselgur einerseits und den Rußpatronen anderseits machte
Schulenburg dadurch, daß er die isolierende Umhüllung der beiden
ersten Patronenarten verwarf und seinerseits eine möglichst dünne,
durchlässige Hülle in Gestalt von Webstoff oder Löschpapier verwendet. Fig. 2 zeigt eine Patrone in Löschpapier und Fig. 3 eine solche
in Webstoffhülle; der Patronendurchmesser wird mit 25 bis 50 mm
und die normale Länge mit 300 mm ausgeführt. In der in Fig. 3 im
Schnitt gezeigten Patrone sind der in diese eingesetzte Zünder mit
Sprengkapsel a und die zugehörenden Zündleitungsdrähte b veranschaulicht. Die Patrone, die den von der Fabrik oder von dem Schieß-
mann eingesetzten Zünder mit Sprengkapsel trägt, heißt Schlag-
oder Zündpatrone. Die Sprengluftpatronen haben eine weitverbrei-
tete, fast allgemeine Anwendung beim Sprengen mit flüssigem Sauerstoff gefunden. Zu dieser Ausführung der Patronen mit durchlässiger
Hülle hatte im wesentlichen die Überlegung geführt, daß man den
im Dewar-Patent, D.R.P. Nr. 169514, geschützten Effekt — das
Absorbieren von Gasen, wenn der Kohlenstoff ungefähr auf den Siedepunkt dieser Gase abgekühlt wird — auch für die Güte der Patronen
möglichst ausnutzen wollte. Der Kohlenstoff sollte nicht nur von
dem flüssigen Sauerstoff durchtränkt werden, sondern diesen —
weil er ja beim Eintauchen auf den Siedepunkt des Sauerstoffs abgekühlt wird — auch absorbieren, um so möglichst lange einen Sauerstoffüberschuß in der Patrone zu erzielen. Außer Ruß enthält die
Patrone auch noch Zusätze von anderen geeigneten Kohlenstoffträgern.

Zur Verbrennung zu Kohlensäure und Wasser benötigt eine solche
Sprengluftpatrone aus Ruß mit Beimengungen für 100 g ihres Gewichtes ca. 270 g Sauerstoff, welche Menge auch nach Berücksichtigung der Verdampfungsverluste beim Abschuß noch unbedingt in
der Patrone vorhanden sein muß. Als Erfordernis für den praktischen
Gebrauch ergibt sich deshalb, möglichst viel Sauerstoff aufsaugen
und möglichst lange von der Patrone festhalten zu lassen. Die Ergebnisse aus vergleichenden Versuchen mit einigen Patronenmischungen
sind in Fig. 4 u. 5 dargestellt.

Für den Vergleich wurden verwendet:

    a) eine Rußpatrone mit einem Rohgewicht von 35,5 g,

    b) eine Kieselgurpatrone mit 40% Petroleum und 60%
       Kieselgur, mit einem Rohgewicht von 105,8 g;

    c) eine Rohanthrazenpatrone mit einem Rohgewicht von
       143,9 g.

Jede Patronenmischung war in poröse Webstoffsäckchen gefüllt. Unter Rohgewicht ist das Gewicht der Patrone vor dem Eintauchen in flüssige Luft zu verstehen. Das Eintauchen der drei Patronen geschah gleichzeitig und wurde auf 7 Minuten ausgedehnt. Mit den Säulen *A*, *B* und *C* sind in Fig. 4 schwarz die Rohgewichte der Patronenmischungen und schraffiert die Gewichtsmenge des von ihnen aufgesaugten flüssigen Sauerstoffs veranschaulicht. Der Vergleich ergibt bei der für die Kohlenstoffpatrone im praktischen Betriebe üblichen Tauchzeit pro 1 g Rohgewicht der Patronen ein Aufsaugefähigkeits-Verhältnis von Ruß zu Kieselgur + Petroleum zu Kieselgur +

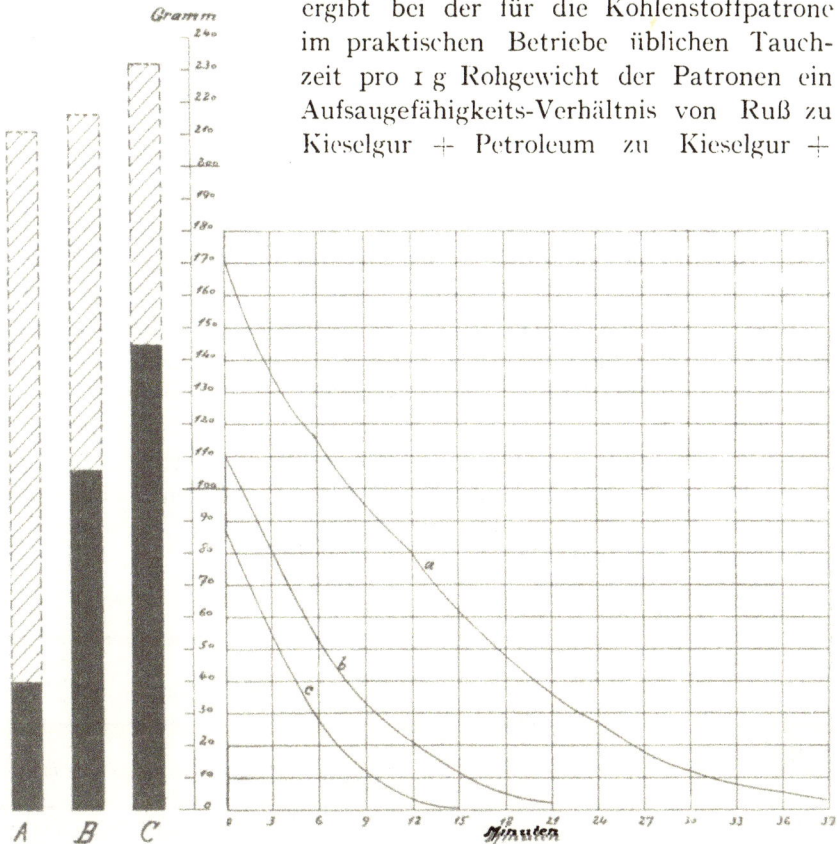

Fig. 4. Fig. 5.

Rohanthrazen wie 4,33 : 1,04 : 0,61. Den Verlauf der Verdunstung der flüssigen Luft aus den Patronen, beim Liegen an freier Luft gewogen, zeigen die Kurven in Fig. 5. Auf der Ordinate sind die Gewichte der aufgesaugten flüssigen Luft angegeben, während die Abszisse die Zeiten der Gewichtsablesungen verzeichnet. Die Wägungen wurden in Zeitabständen von 3 Minuten ausgeführt und bis

2*

zum nahezu vollständigen Verdunsten des flüssigen Sauerstoffs aus
den Patronen fortgesetzt, was bei der Rußpatrone erst nach 39 Minuten
der Fall war.

Die Figuren zeigen, daß die zum Vergleich gekommenen Kiesel-
gur- + Petroleum- und Kieselgur- + Rohanthrazenpatronen nicht
allein viel weniger flüssige Luft aufgesogen haben[1]), als zur vollkommenen Verbrennung nötig ist, sondern auch diese geringere aufgeso-
gene Luftmenge relativ schneller abdunsten lassen als die Rußpatrone.

Bei allen Patronenmischungen ist aber von größter Wichtigkeit,
daß beim Schuß die zur vollkommenen Verbrennung erforderliche
Sauerstoffmenge noch vorhanden ist, damit nicht ein Schuß mit nur
schwacher Wirkung und infolge Kohlenoxydbildung mit schädlichen
Nachschwaden erzielt wird. Um dies zu vermeiden, sind zwei Mög-
lichkeiten vorhanden: einmal, eine Patrone mit reichlichem Sauerstoffüberschuß infolge großer Aufsaugefähigkeit zu verwenden, oder
zweitens, für eine gute Isolierung der Patronen zu sorgen. Die
Patronen, welche aus reinem Kohlenstoff in Form von Ruß mit Beimengungen hergestellt werden, haben eine so starke Aufsaugefähigkeit, daß nach der Sättigung ein großer Sauerstoffüberschuß (D.R.P.a.)
in der Patrone vorhanden ist. Es verbleibt dann, trotz der Verdampfungsverluste während des Besetzens bis zum eigentlichen Schuß,
in der Patrone noch genügend Sauerstoff zur völligen Verbrennung
zu Kohlensäure. Ferner kommt außer der Zusammensetzung auch
noch in Betracht, wie dicht die Patronenmischung gestopft ist, was

Tabelle 1.

		Ruß	Korkmehl	Holzmehl, trocken	Torf, lufttrocken	Petrol. Kieselgur 40 : 60
Sauerstoffaufsauge-fähigkeit	a	6,8 fach	7,0 fach	2,9 fach	2,7 fach	2 fach
	b	5,6 fach	5,7 fach			
Sauerstoffbedarf		2,67 fach	1,8 ÷ 2,2 fach	1,6 fach	1,3 fach	1,4 fach
Relative Lebensdauer Minuten	a	16	11 ÷ 12	7	5	3
	b	12	11 ÷ 12			
Verbrennungswärme der Rohpatrone	cal/g	7800	5500 ÷ 6600	ca. 4600	ca. 3600	ca. 5600
Explosionswärme in Cal. pro Gramm Sprengstoff		2130	1960 ÷ 2050	1770	1490	2330

[1]) Die Aufsaugefähigkeit ist von der Beschaffenheit der Kieselgur abhängig.

auch aus vorstehender Tabelle, die einer Veröffentlichung von Dr. ing. Martin[1]) über das Sprengluftverfahren entnommen ist, hervorgeht. (Tabelle 1.) Diese umfaßt vergleichende Versuchsergebnisse, die unter gleichen Verhältnissen mit verschiedenen Patronenmischungen ausgeführt sind. Bei loser Stopfung der Ruß- und Korkmehlfüllung, mit a) bezeichnet, ist die Aufsaugefähigkeit größer als bei fester Stopfung, wie unter b) angegeben. Diese Versuche wurden mit Patronen von der üblichen Größe ausgeführt, die bei 30 mm Durchmesser und 300 mm Länge die jeweiligen Mischungen in Löschpapierhüllen enthielten. Unter Sauerstoffbedarf ist die Menge an Sauerstoff angegeben, die zur vollkommenen Verbrennung der Patronenmischung erforderlich ist. Unter »relativer Lebensdauer« ist die Zeit in Minuten angegeben, nach welcher die Patronen nach Verdampfung beim Hängen in freier Luft gerade noch genügend Sauerstoff zur vollkommenen Verbrennung festhalten. Weiter ist noch die der Zusammensetzung der Rohpatrone entsprechende Verbrennungswärme, sowie auch die Explosionswärme pro 1 g der fertigen Patrone angegeben. Die Sprengluftpatrone, Ruß mit Beimischungen, hatte bei dieser gleichmäßigen Behandlung der zu vergleichenden Patronenmischungen die längste Lebensdauer, die größte Explosionswärme pro 1 g Sprengstoff und damit die beste Explosionswirkung, soweit bei den übrigen Vergleichssprengluftstoffen die gleichen Explosivkonstanten in Betracht kommen.

Die aus Linde's Versuchen bereits bekannte Mischung, 40% Petroleum und 60% Kieselgur, hat die größte Leistungsfähigkeit unter den in der Tabelle angeführten Sprengstoffen; sie erscheint in dieser Tabelle aber mit so geringer Lebensdauer, daß sie für die Praxis nicht in Frage kommen würde, wenn nicht die Erhaltung der zum Schuß notwendigen Sauerstoffmenge in der Patrone, wie bereits angeführt, auch durch gute Isolierung erzielt werden könnte. Die von Dr. Sieder vorgeschlagene, vierfach ineinandergesteckte Hülle (D.R.G.M. Fig. 1) stellt eine geschickte Lösung einer solchen Isolierung dar. Das verdampfende Gas wird gezwungen, seinen Weg in hin- und hergehender Richtung aus der Patrone zu nehmen. Das hierdurch entstehende geringe Temperaturgefälle in der Hülle behindert die Verdampfung, und hierdurch wird die Isolierung der Papphülsen sinnreich unterstützt.

Das Aufsaugen des flüssigen Sauerstoffs nimmt aber durch die Anwendung solcher Hüllen verhältnismäßig viel mehr Zeit in An-

---

[1]) Martin, Zeitschrift für das ges. Schieß und Sprengstoffwesen 1916.

spruch, als dies bei den Patronen mit durchlässiger Hülle ohne Isolierung der Fall ist. Dr. Sieder sagt über die Füllzeit[1]) der Rohpatronen mit flüssigem Sauerstoff, daß sie einen Zeitraum von etwa einer halben Stunde in Anspruch nimmt.

Auch über die Verdampfungsgeschwindigkeit solcher Patronen bei gleicher Länge von 200 mm, aber verschiedenen Durchmessern, macht Sieder Angaben, welche mit Fig. 6 u. 7 dargestellt sind. Es kommen Kieselgur- und Petroleumpatronen mit 25, 30 und 38 mm

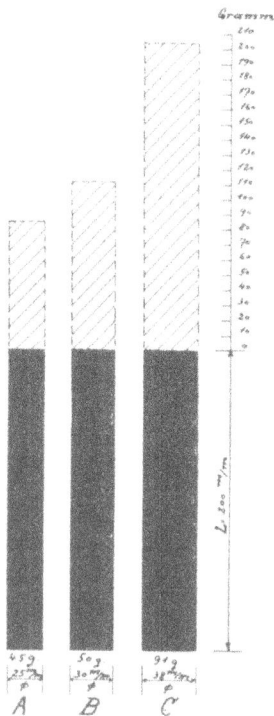

Fig. 6.

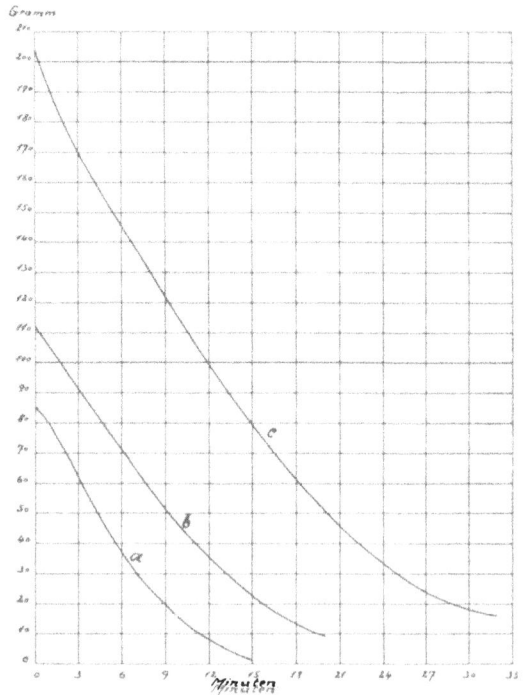

Fig. 7.

Durchmesser zum Vergleich, deren Rohgewichte und Aufsaugefähigkeit aus Fig. 6 zu ersehen sind; erstere sind schwarz, letztere schraffiert gezeichnet. Die 25 mm-Patrone nimmt nur das 1,8 fache, die 30 mm-Patrone das 2,04 fache und die 38 mm-Patron das 2,24 fache ihres Gewichtes an Sauerstoff auf. Der aufgenommene Sauerstoff wird, wie die Kurven in Fig. 7 zeigen, von den Patronen mit größerem Durchmesser länger festgehalten als von denen mit

---

[1]) Sieder, Zeitschrift für das ges. Schieß- und Sprengstoffwesen 1915.

geringerem Durchmesser. Aus den letzten beiden Eigenschaften
ist zu folgern, daß man bei der praktischen Sprengarbeit kleinere
Bohrlochdurchmesser als 30 mm nicht anwenden soll. Setzt man in
Tabelle 1 auf Seite 20, welche die relative Lebensdauer der Kiesel-
gur- + Petroleumpatrone in Löschpapier mit 3 Minuten angibt,
die Lebensdauer dieser Patrone mit isolierender Hülle nach den Kurven
aus Fig. 7 ein, so ergibt sich bei dem Sauerstoffbedarf von 1,4 ×
Patronengewicht eine relative Lebensdauer von 8—9 Minuten für
die 38er, von 6—7 Minuten für die 30er und von 3 Minuten für die
25er Patrone. Vergleicht man die Patronen gleicher Aufsaugefähigkeit, so würde die Patrone von Sieder mit 30 mm Durchmesser und
200 mm Länge der Petroleum- + Kieselgurpatrone in Tabelle 1 entsprechen, und es stellt sich aus dieser Gegenüberstellung die Wirkung
der isolierenden Hüllen als eine Verlängerung der Lebensdauer um
3—4 Minuten dar.

Selbst bei der Kieselgur- + Petroleumpatrone mit 38 mm
Durchmesser beträgt die relative Lebensdauer nur 8—9 Minuten,
gegenüber 16 Minuten der Sprengluftpatrone mit 30 mm Durchmesser
und 300 mm Länge bei loser Stopfung.

Im praktischen Betrieb ändern sich diese Zahlen, welche an freier
Luft gewonnen wurden, entsprechend der Wärmeeinwirkung der
Bohrlochwand; ihr Verhältnis wird aber mit nur geringen Abweichun-
gen, bedingt durch die isolierenden Hüllen, bestehen bleiben. Die
Firma Messer & Co. verwendet bei den von ihr angebotenen Kohlen-
stoffpatronen ebenfalls isolierende Hüllen; die Lebensdauer dieser
Patronen wird von Bergassessor Heberle[1]) mit 10—14 Minuten an-
gegeben. Die Eintauchzeit für diese Patronen beträgt nach derselben
Quelle ebenfalls durchschnittlich 15 Minuten.

Jedenfalls wird heute mit reinen Kohlenstoffpatronen, sowohl
mit als auch ohne isolierende Hülle, nach längeren Wartezeiten bis
zu 12 Minuten erfolgreich gesprengt.

In allen Fällen, in denen nicht mit hochprozentigem Sauerstoff
gearbeitet wird, dürfte nach den Versuchen, die Prof. Dr. Hoffmann
im anorg. chem. Laboratorium der Technischen Hochschule Berlin
ausgeführt und in einem Gutachten vom 5. Dezember 1915 nieder-
gelegt hat, die als Dewar-Effekt bekannte Wirkung des amorphen
Kohlenstoffs in Erscheinung treten.

---

[1]) Heberle, Kali, Zeitschr. für Gewinnung, Verarbeitung und Verwertung der
Kalisalze, 1916, Heft 8.

Nach dem Dewar-Patent, D.R.P. 169514, besitzt jeder amorphe Kohlenstoff die Eigenschaft, daß er, auf die Temperatur der flüssigen Luft abgekühlt, vorzugsweise den Sauerstoff absorbiert, d. h. aus einem Stickstoff- und Sauerstoffgemisch vorwiegend den letzteren aufnimmt, so daß sich nach längerer Wartezeit beim Abdunsten einer Kohlenstoffpatrone, welche in flüssige Luft mit geringerem Sauerstoffgehalt getaucht war, nachweisen läßt, daß die in der Patrone enthaltene Luft sauerstoffreicher ist, als dies bei der Herausnahme aus dem Tauchgefäß der Fall war.

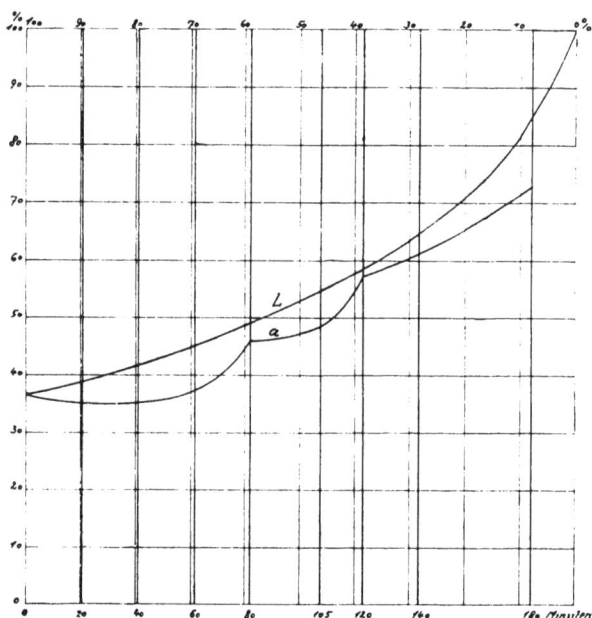

Fig. 8.

Verwendet man die aus den Versuchen von Prof. Dr. Hoffmann bekannt gewordenen Daten über die Zusammensetzung der aus verschiedenen Patronen entweichenden Verdampfungsprodukte, um sie mit der von Linde gefundenen Kurve der fraktionierten Verdampfung zu vergleichen, so ergibt sich die in Fig. 8 gezeigte Darstellung.

Eine Rußpatrone wurde 7 Minuten in flüssige Luft mit 47,6% O und 52,4% N eingetaucht, sofort nach dem Tauchen in ein mehrwandiges Weinholdsches Glasgefäß gebracht und die entweichenden Verdampfungsprodukte laufend analysiert. Mit der Kurve a ist der in diesen festgestellte Sauerstoff- und Stickstoffgehalt angegeben;

diese Kurve zeigt die Veränderung in der Zusammensetzung der Verdampfungsprodukte.

Der erste Analysenwert ergab 36,4% O und 63,6% N und ist, wie die weiter gefundenen Werte in den Zeitabständen der Untersuchungen als Ordinaten, die zugehörigen Zeiten als Abszissen eingetragen. Die gesamte von der Patrone aufgenommene flüssige Luft ist entsprechend der Kurve der fraktionierten Verdampfung behandelt. Die Patrone enthielt nach der letzten Gasanalyse von den insgesamt aufgenommenen 172 g flüssige Luft noch 13 g, d. h. noch 7,56% der urspünglichen Menge.

Die Kurve *a*, in Vergleich mit der vom ersten Punkt der Ablesung ausgehenden Gleichgewichtskurve *L* der fraktionierten Verdampfung gebracht, ergibt, daß die Verdampfungsprodukte mehr Stickstoff enthalten, als es diesem Gleichgewicht entsprechen würde, was wohl auf die besondere Absorptionskraft des Rußes gegenüber dem Sauerstoff, welcher von der Patrone festgehalten wird, zurückzuführen ist. Die Ordinatenabschnitte unter den Kurven geben in Fig. 8 den Sauerstoffgehalt und die Ordinatenabschnitte über den Kurven den Stickstoffgehalt als Differenz gegen 100 an.

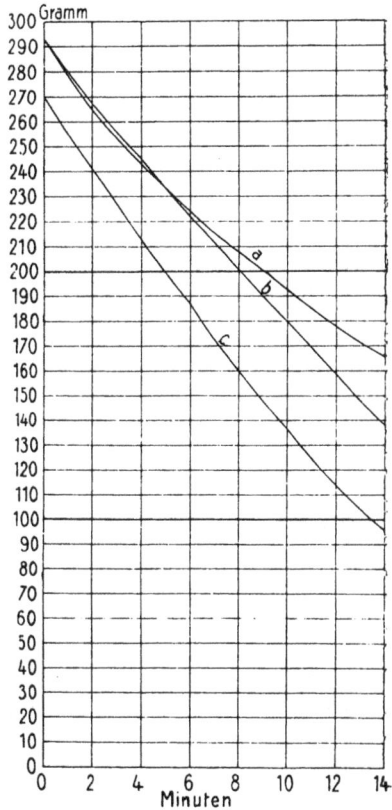

Fig. 9.

Eine weitere Bestätigung, daß die Absorption des Sauerstoffs durch den Ruß für diese Patronenart günstig in Erscheinung tritt, dürfte auch die Tatsache bieten, daß die Verdampfungskurven für reinen Ruß, reine Kieselgur oder reines Korkmehl, bei nahezu gleichmäßiger Sauerstoffaufnahme wesentlich von einander abweichen. Während die Verdampfungskurven bei Kieselgur und Korkmehl fast parallel und ziemlich steil abfallen, läßt die Kurve bei Ruß erkennen, daß die Verdampfung langsamer vor sich geht, also der Sauerstoff

länger festgehalten wird. Der in Fig. 9 dargestellte Versuch wurde
mit 90 %igem Sauerstoff ausgeführt. Das Gewicht der Versuchs-
objekte betrug je 57 g, die aufgenommenen Sauerstoffmengen 293 g
bei Ruß und Kieselgur und 270 g bei Korkmehl. Die Verdampfungskurven sind bei Ruß mit *a*, bei Kieselgur mit *b* und bei Korkmehl
mit *c* bezeichnet. Zu beachten ist noch, daß bei diesem Versuch
Kieselgur und Korkmehl keine fertigen Patronen darstellen, weil
ihnen noch der Kohlenstoff fehlt; wenn dieser von den Patronen in
Form von Petroleum aufgenommen ist, so wird die Aufsaugefähigkeit für flüssigen Sauerstoff entsprechend geringer.

Das ständige Verdampfen des flüssigen Sauerstoffs aus den Patronen erfordert für das Besetzen der Sprengluftschüsse meistens
eine besondere Maßnahme.

Eine Sprengladung, bestehend aus zwei normalen Patronen,
entwickelt bis zum Abtun des Schusses in der Minute etwa 15 Liter
Gas. Infolgedessen würde bei dichtem Besatz und gasundurchlässiger
Bohrlochwand sehr schnell ein Druck im Bohrloch entstehen, welcher
den Besatz mit großer Kraft herausschleudert und dadurch Unfälle
verursachen kann.

Diesem Übelstande begegnete Baldus-Kowastch durch Anordnung
des Entlüftungsröhrchens (D.R.P. Nr. 244036). Dieses Entlüftungs-
röhrchen kann in den Besatz direkt mit eingestampft werden in Gestalt hohler Räumnadeln; beim Herausnehmen derselben entweichen
dann die Verdampfungsprodukte durch den im Besatz verbleibenden
Kanal, wie solcher in den Fig. 10, 14 und 18 angedeutet ist. Im Kalibergbau hat man die bisher üblichen besonderen Salzbesatzpatronen
verlassen und verwendet an deren Stelle vielfach wieder den alten
Pflockbesatz in Gestalt von Holzdübeln, welche mit seitlichen Nuten
versehen sind. Hierdurch erreichte man schnelleres Arbeiten, weil
ein solcher fertiger Dübel nur aufgesetzt und mit einem Schlag im
Bohrloch befestigt wird. Die seitliche Nut wird für die Entlüftung
benutzt und bietet gleichzeitig Raum zum Hindurchführen der Zündschnur oder der Zünddrähte. Gerade im Kalibergbau ist die Schnelligkeit, mit der die Schießarbeit erledigt werden muß, von besonderer
Bedeutung, weil man Serien von 12 bis 20 Schüssen auf einmal abtun
muß, weshalb stellenweise auch ganz ohne Besatz geschossen wird.
Die verlangte große Anzahl der gleichzeitig zu besetzenden und ab-
zugebenden Schüsse ist auch bei der Verwendung des flüssigen Sauerstoffs erreicht worden, indem noch ein hierfür besonders geeignetes
Zündverfahren zur Einführung gelangte.

c) Zünder und Zündverfahren.

In dem Absatz über Sprengstoffe mit chemisch gebundenem Sauerstoff ist auf S. 6 bereits erwähnt, welche entscheidende Wichtigkeit die Erfindung einer brauchbaren Initialzündung durch Nobel für die Anwendung und Entwicklung der Sprengstoffe gehabt hat. Die stattliche Zahl der sogen. sekundären Sprengstoffe von relativ guter Handhabungssicherheit und doch großer Brisanz sind erst durch die Anwendung von Knallquecksilber als Initialmittel verwendbar geworden. Diese Knallquecksilber-Sprengkapseln sind heute noch im Gebrauch und werden in 10 verschiedenen Größen bezw. Füllungen verwendet, indem sie entweder der Zündschnur aufgesetzt oder an den elektrischen Zündern angebracht werden. In neuester Zeit sind indessen eine Anzahl anderer als Initialmittel wirkende Stoffe durch intensive wissenschaftliche Bearbeitung des Initialproblems[1]) gefunden worden, von denen sich bisher nur das Bleiazid in der Technik eingeführt hat.

Auch bei den Sprengstoffen mit flüssigem Sauerstoff hat die Ausbildung und Entwicklung geeigneter Zünder und Zündverfahren einen ganz besonderen Anteil an der bis heute erzielten Verwendbarkeit im praktischen Betriebe, denn viel mehr als bei den Sprengstoffen mit einheitlicher und konstanter Zusammensetzung ist bei den Sprengluftstoffen mit stets wechselnder Zusammensetzung besonderes Gewicht auf eine für alle Fälle ausreichende Initiierung zu legen. Auch wegen der Verschiedenheit der Zusammensetzung ihrer einzelnen Schichten muß gerade bei der Patrone mit flüssigem Sauerstoff auf eine kräftige Initialwirkung gesehen werden. Naturgemäß geben bei der Verdampfung des Sauerstoffs aus der getauchten Patrone die äußeren Schichten, welche dem von außen kommenden Wärmeeinfluß zuerst ausgesetzt sind, den Sauerstoff zuerst ab. Der innere Kern der Patrone enthält dagegen beim Abtun zumeist noch überschüssigen Sauerstoff, und dieser muß im Augenblick der Detonation für die gesamte Patrone nutzbar gemacht werden, was nur durch eine starke Initiierung erreicht wird. Die Einleitung der Initialzündung selbst kann auf die bekannte Art mittels Zündschnur erfolgen, doch ist darauf zu achten, daß eine sprühsichere Zündschnur zur Verwendung gelangt, da sonst die aus derselben seitlich sprühenden Funken, genährt durch den aus der Patrone verdampfenden Sauer-

---

[1]) Martin, Habilitationsschrift, Darmstadt 1913, und Martin & Wöhler, Zeitschr. für das ges. Schieß- und Sprengstoffwesen 1916, Heft 1.

stoff, eine Flamme bilden und die Patrone vorzeitig anstecken, bevor die Sprengkapsel zur Wirkung kommt. Außerdem kann man bei Verwendung gewöhnlicher Zündschnur bemerken, daß diese, wenn man sie mit der in die Patrone eingebrachten Sprengkapsel gleichzeitig in die flüssige Luft eintaucht, mehr oder weniger flüssige Luft aufnimmt und dadurch unregelmäßig brennt. Eine Sicherheit für die Zündung der einzelnen Schüsse in der gewollten Reihenfolge ist dann zweifelhaft, und damit wird die beabsichtigte Wirkung illusorisch, weil Schüsse zuerst detonieren, die erst in zweiter oder dritter Linie kommen sollen, und so die ihnen zugedachte Vorgabe nicht lösen können.

Einen Fortschritt erzielte man deshalb durch die Trennung der Patrone von der Zündung mit der Zündschnur, indem man die Sprengkapsel oder den Zünder in einer durchbohrten Holzrolle befestigte und dann auf die bereits eingesetzte Sprengladung in das Bohrloch

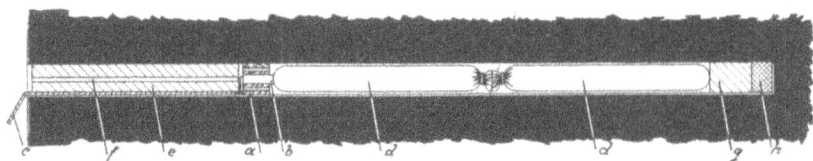

Fig. 10.

a Holzröllchen, b Zünder, c Zündschnur, d Sprengluftpatronen in Webstoffsäckchen, e Besatz, f Entluftungskanal, g Lehmpfropfen, h Bohrstaub.

einführte, wie dies in Fig. 10 gezeigt ist. Doch auch hierbei beobachtete man unregelmäßige Zündungen mit gefahrbringenden Nebenerscheinungen. Verbesserungen der Zündschnur bezüglich ihrer Durchschlag- und Sprühsicherheit und ihrer Unentflammbarkeit in Berührung mit flüssigem, besonders aber auch gasförmigem Sauerstoff, welcher der getauchten Patrone beständig entströmt, waren notwendig, um auch mittels Zündschnurzündung Sprengluftpatronen zur ordnungsgemäßen Zündung zu bringen. Heute wird von mehreren Firmen auch' für das Schießen mit flüssigem Sauerstoff bei Vorhandensein der erforderlichen Rohmaterialien eine sprüh- und durchschlagsichere Zündschnur in den Handel gebracht.

Weniger Unannehmlichkeiten als die Zündung mit Zündschnur bereitet heute die elektrische Zündung. Zwar mußten auch hier anfangs Schwierigkeiten überwunden und die zur Zündung der bisher verwendeten Sprengstoffe benutzten Konstruktionen elektrischer Zünder den Eigenheiten des neuen Verfahrens angepaßt werden. Ver-

schiedene Anregungen und Verbesserungen erhielt die Fabrik elektrischer Zünder durch Bergassessor Lisse, der sich im Auftrage der
Sprengluftgesellschaft mit dem Problem der elektrischen Zündung für
das neue Sprengverfahren eingehend befaßt hat.

Die Versuche zeigten, daß weniger die oxydativen Eigenschaften
des konzentrierten flüssigen oder gasförmigen Sauerstoffs, als vielmehr seine tiefe Temperatur Anlaß zu Fehlzündungen gab. Vor allem
zeigten Brückenglühzünder mit losem Zündsatz
(Fig. 11) verschiedenster Firmen fast regelmäßig Versager, welche durch die Konstruktion bedingt waren.
Die Glühbrücke des Zünders bildet ein dünner Platin-
draht, welcher nur durch den losen Zündsatz be-
deckt wird. Unter der Einwirkung des tiefkalten,
flüssigen Sauerstoffs zerreißt dieses Drähtchen oder
löst seinen Kontakt mit den Zündpolen. Beim Strom-
schluß kommt dann naturgemäß der Zündsatz überhaupt nicht zur Zündung.

Besser bewährten sich die Sirius- und Vulkanzünder der Fabrik elektrischer Zünder in Köln. Nach
einigen zweckentsprechenden Veränderungen sind
diese Zünder auch für das Schießen mit flüssigem
Sauerstoff als zuverlässig zu bezeichnen und finden
heute in großen Mengen Verwendung. Sowohl bei
dem Spaltglühzünder (Fig. 12), der als Siriuszünder
bezeichnet wird und bei welchem dem Zündsatz
feiner Metallstaub als Stromleiter zugesetzt ist, wie
auch bei dem Vulkanzünder, Brückenglühzünder mit
dünnem Platindrähtchen, ist der Zündsatz als festes
Zündköpfchen a ausgebildet und dieses selbst mit
einer schützenden Hülle überzogen. Für das Arbeiten mit flüssigem Sauerstoff wurde das Zündköpfchen, auch Zündpille genannt, verstärkt und außerdem die
Schutzhülle noch sorgfältiger hergestellt. In Betracht kommt diese
Verbesserung besonders für die Fälle, in denen die Sprengluftladung
nur durch die energische Flamme der Zündpille, also ohne Sprengkapsel gezündet werden soll, um eine langsame und mehr schiebende
Wirkung zu erzielen, wie sie Schwarzpulver auslöst.

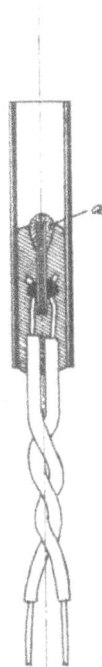

Die starke Abkühlung der Zündpille ergab, was auch natürlich
erscheint, in der Praxis, daß die zur Entflammung nötige Temperatur
bei Verwendung der bisher gebräuchlichen Zündmaschinen nicht

Fig. 11.

Fig. 12.

so leicht zu erreichen war, wie dies bei den sonst gewohnten Sprengstoffen der Fall ist.

Die tiefunterkühlte Zündpille muß von der Temperatur des
flüssigen Sauerstoffs auf die Entzündungstemperatur des Zündpillen-
satzes gebracht werden, also gegenüber ihrer Verwendung bei festen
Sprengstoffen durch den elektrischen Strom diejenige Wärmezufuhr
mehr erhalten, die notwendig ist, um beispielsweise den Glühdraht
und seine Umgebung von minus 183 Grad auf Zimmertemperatur
zu bringen. Die Praxis hat denn auch bei Verwendung der Sprengluftstoffe ergeben, daß zur Einleitung der richtigen Zündung stärkere
Zündmaschinen zu verwenden sind
bezw. daß die Anzahl Schüsse, welche
eine vorhandene Zündmaschine zu
bringen vermag, geringer ist als bei
den üblichen festen Sprengstoffen. Es
sind indessen nach privaten Mitteilungen Versuche im Gange, auch besondere Zündmaschinen mit stärkerer
Stromerzeugung herzustellen, die dem
neuen Verfahren und der Eigentüm-
lichkeit der Zünder bei der tiefen Temperatur der flüssigen Luft angepaßt sind.

Von den bisher im Gebrauch befindlichen Zündmaschinen hat sich die
sogen. Endkontaktmaschine der Fabrik
elektrischer Zünder in Köln-Niehl, wie
sie in Fig. 13 dargestellt ist, am besten

Fig. 13.

bewährt. Diese ist so konstruiert, daß
bei Betätigung der Maschine der Strom
erst im Moment der größten Stromstärke durch die Zündleitung fließt
und dadurch erfahrungsgemäß vor allem bei Serienschüssen ein sicheres
und gleichzeitiges Abtun sämtlicher Schüsse gewährleistet. Ist nämlich
der Stromimpuls bei der Hintereinanderschaltung einer größeren Anzahl Schüsse nicht groß genug, so treten bei den unvermeidlichen Wider-
standsunterschieden der tief unterkühlten einzelnen Zünder stets
Versager auf. Allerdings sind gerade mit flüssigem Sauerstoff solche
auch bei der Einführung des Verfahrens in größerem Maßstabe durch
eine andere Ursache entstanden, und zwar dadurch, daß beim Abtun
einer größeren Anzahl Schüsse die Schießleute, in dem Bestreben,
mit einer möglichst sauerstofffreien Ladung zum Schuß zu kommen,

durch allzu hastiges Arbeiten ein richtiges Verkuppeln und Isolieren
der elektrischen Leitung verabsäumten. Bis solche Fehler in der
Schaltung und Leitung beseitigt werden konnten, war dann die Verdampfung der Patronen zu weit vorgeschritten, um noch gute Wir-
kungen zu erzielen. Einen Fortschritt auf dem Gebiete des Serien-
schießens mit flüssiger Luft bedeutete infolgedessen das Zündverfahren[1]), wie es Bergassessor Dr. Hecker im Kali anwandte.

Nach diesem Verfahren werden Zünder und Patronen vollständig
getrennt behandelt. Die Zünder werden in der Mitte eines Holzklötz-
chens befestigt und, wie Fig. 14 zeigt, im Bohrlochtiefsten zuerst
verlagert, also bevor die Patronen eingebracht werden. Sodann wird
ohne jede Hast die Zündleitung verlegt und richtig geschaltet und
auch daraufhin mit der nötigen Sorgfalt geprüft. Erst nachdem
man sich davon überzeugt hat, daß die Schaltung und Zündleitung in Ordnung sind, kommen die Patronen in die Bohrlöcher,

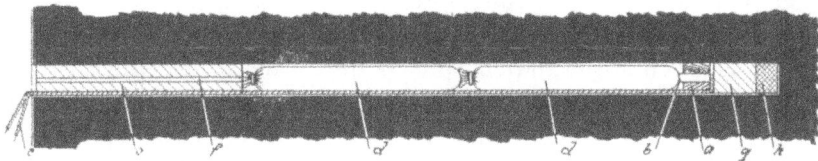

Fig. 14.

a Holzröllchen, b Zünder, c Zündleitung, d Sprengluftpatronen in Webstoffsäckchen, e Besatz, f Entlüftungskanal, g Lehmpfropfen, h Rohrstaub.

und der Besatz, häufig auch nur ein Holzdübel, wird aufgebracht.
Auf diese Weise kann die gesamte Schußanlage sehr bald nach dem
Herausnehmen der Patronen aus dem Tauchgefäß abgetan und damit
wirtschaftlich eine größere Anzahl Schüsse zur Detonation gebracht
werden. Mit Hilfe dieses Zündverfahrens werden in Wintershall[1]) bei
zwei Mann Bedienung in nur 6 Minuten, vom Herausnehmen der ersten
Patrone aus dem Tauchgefäß gerechnet, gleichzeitig 12 Schüsse abgetan, welche eine Ladung von je 5 Patronen haben.

Die vorbeschriebenen einfachen Zündungen, sei es Zündschnur
oder elektrische Zündung, sind genau, wie es bei einer Anzahl fester
Sprengstoffe möglich ist, zur direkten Zündung auch von Flüssig-
Luft-Sprengstoffen unter Besatz zu gebrauchen, vorausgesetzt, daß
man, wie bereits erwähnt, eine weiche Schußwirkung, wie bei Schwarzpulver, erzielen will.

[1]) Heberle, Kali, Zeitschrift für Gewinnung, Verarbeitung und Verwertung
der Kalisalze, 1910, Heft 8.

Man kann die Wirkung der elektrischen Zündpille oder der Zündschnurzündung verstärken, indem man, wie dies heute auch häufig geschieht, eine kleine Kapsel mit einer Art Blitzlichtmischung anwendet,
wodurch die Zündflamme beider Zündungsarten noch intensiver wird.
Die erste Konstruktion eines solchen Zünders zeigt Fig. 15. Sie ist
daraus entstanden, daß die Papphülse des normalen elektrischen
Zünders, wie er in Fig. 12 veranschaulicht ist, mit einem Stoff mit
starker Flammenwirkung gefüllt und mit einem Kork ver-
schlossen wurde. Wie bereits erwähnt, hat sich auch diese
verstärkte einfache Zündung sehr gut bewährt, wo Schüsse
mit mehr schiebender Wirkung erzielt werden sollen; sie wird
namentlich im oberschlesischen Kohlengebiet verwendet

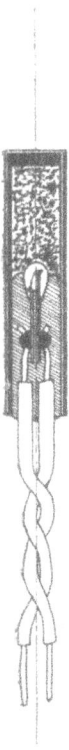

Für brisant wirkende und träge zur Detonation neigende
Sprengluftladungen genügen diese einfachen Zündmittel
natürlich nicht; sie bedürfen zur richtigen Detonationsaus-
lösung der Initiierung durch eine Sprengkapsel. Das Gegebene
war, daß man die bei den bisher gebräuchlichen festen Sprengstoffen angewandten Sprengkapseln auch zur Initiierung von
Sprengladungen mit flüssigem Sauerstoff anwandte. Schon
Linde stellte bei seinen ersten Versuchen mit Oxyliquit fest[1]),
daß dieser durch eine Knallquecksilbersprengkapsel zu
initiieren ist.

Versuche größeren Umfangs aber ergaben nur eine bedingte Anwendbarkeit der Knallquecksilberkapsel bei dem
neuen Verfahren und erwiesen weiter, daß eine Kapsel mit
Trotyl- oder Tetrylfüllung mit Knallquecksilber- oder Blei-
azidaufsatz bei Sprengladungen mit flüssigem Sauerstoff
vollkommen versagten. Der flüssige Sauerstoff dringt in die
Sprengkapsel ein, durchsetzt die Füllung und verhindert da-

Fig. 15.   durch überhaupt die Zündung, während die tiefe Temperatur
die Detonationsgeschwindigkeit der Kapsel so herabsetzt,
daß eine Initialwirkung derselben nicht mehr zustande kommt.
Reine Knallquecksilber- und Bleiazidkapseln sind zwar zur Initialzündung zu verwenden, wenn man sie möglichst gegen das Eindringen
von flüssigem Sauerstoff abdichtet oder sie nur verhältnismäßig
kurze Zeit in Berührung mit der Sprengladung bringt. Eine einwandfrei starke Initialzündung ist aber besonders auch aus dem Grunde

---

[1]) Sieder, Oxyliquit, Zeitschrift f. d. ges. Schieß- und Sprengstoffwesen,
1906 und 1915.

beim Sprengluftschuß erforderlich, weil sich dann noch eine Schußwirkung selbst bei verhältnismäßig reichlich verdunsteten Patronen
entwickelt. Der Umstand aber, daß die Verwendung einer
fertigen Sprengkapsel bei dem Sprengluftverfahren die einzige Gefahr darstellt, die auf den Gebrauch fabrikfertiger
Sprengkörper zurückzuführen ist, da ja die Patronen selbst
erst beim Tauchen vor Ort zum Sprengkörper werden, hat
es wünschenswert erscheinen lassen, auch als Initialmittel ein
Sprengluftinitial zu verwenden, d. h. eine Initialzündung, die
ihren Explosivcharakter erst durch Tränken mit flüssigem
Sauerstoff erhält. Nach dem Deutschen Reichspatent
Nr. 282780 hatten Baldus-Kowastch bereits im Jahre 1913
gefunden, daß solche Sprengluftkapseln hergestellt werden
können, die außer den bereits erwähnten noch den weiteren
Vorteil der Sprengluftstoffe haben, nach dem Abdunsten

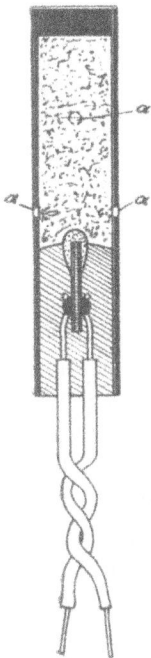

Fig. 16.

des Sauerstoffs wieder vollkommen ungefährlich
zu sein. Bei ihrer Anwendung kann ein, aus irgend-
welchen Gründen stehengebliebener Schuß nach
genügender Wartezeit ohne weiteres ausgebohrt
werden, ohne daß zu befürchten wäre, daß die
Sprengkapsel zur Explosion kommt, wie dies bei Verwendung von fertigen Sprengkapseln möglich ist.

In Fig. 16 ist ein Zünder mit Sprengkapsel-
und Initialwirkung dargestellt, wie er von Bergassessor Beyling der Fabrik elektrischer Zünder
in Köln-Niehl zur Herstellung empfohlen wurde.
Das Prinzip dieses Sprengluftinitials ist dem im
D.R.P. Nr. 282780 ausgesprochenen Gedanken sehr
ähnlich, und seine Ausführung lehnt sich an die
bekannte Zünderkonstruktion an. Die Papphülse
des normalen elektrischen Zünders ist größer an
Durchmesser und Länge geworden und ist, unter
Zusatz von Heizöl, mit Korkmehl gefüllt, welches
den flüssigen Sauerstoff gut aufsaugt. Zum be-
quemen Eindringen des flüssigen Sauerstoffs ist
die Papphülse mit gegenüberliegenden Bohrungen
a versehen.

Fig. 17.

Einen Sprengluftinitialzünder mit stärkerer Wirkung bietet die
Ausführung nach Fig. 17. Diese Sprengluftkapsel wird von der Sprengluft-Gesellschaft nach eingehenden von Privatdozent Dr. ing. Martin

wissenschaftlich durchgeführten Versuchen als notwendig und ausreichend erachtet, weil sie selbst bei schwachen Sprengluftladungen
noch freiliegend Detonation und Detonationsübertragung bewirkt.
In die Hülse des normalen elektrischen Zünders ist eine Eisenblechhülse gesteckt, welche ebenfalls mit einem Aufsaugemittel für flüssigen Sauerstoff und verschiedenen Beimengungen gefüllt ist. Zum
ungehinderten Zutritt des flüssigen Sauerstoffs zur Kapselfüllung
ist die Eisenblechhülse mit einem seitlichen Schlitz versehen. Diese
Sprengkapsel detoniert nach kurzer Tauchzeit in flüssigem Sauerstoff
ohne jeden Einschluß, d.h. an freier Luft außerordentlich brisant,
und hinterläßt bei der für Sprengkapseln üblichen Prüfungsmethode
auf der Bleiplatte einen ihrer großen Kraft entsprechenden starken
Durchschlag.

Im praktischen Gebrauch wird die erwähnte Kapsel in eine normale
Patrone eingeführt und mit dieser gleichzeitig getaucht. Ein fertig

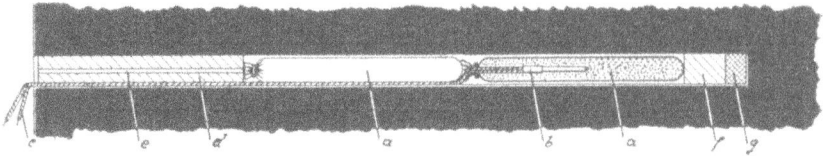

Fig. 18.

a Sprengpatronen in Webstoffsäckchen, b Flüssige Luft-Sprengkapsel mit elektrischem Zünder, c Zündleitung,
d Besatz, e Entlüftungskanal, f Lehmpfropfen, g Bohrstaub.

besetztes Bohrloch zeigt Fig. 18; dieses ist mit zwei Sprengpatronen
besetzt, von denen die untere, die sogen. Schlag- und Zündpatrone,
mit der Sprengluftkapsel versehen ist. Die Drähte der elektrischen
Zündleitung gehen zwischen Bohrlochwand und Besatz nach außen
zur Schießleitung, welche ihrerseits zu dem 50—100 m entfernten
Stand des Schießmannes führt, der dort die Zündmaschine bedient.
Beim Abtun des Schusses entzündet zunächst das Glühdrähtchen
des Brückenglühzünders die darum liegende Zündpille, deren Entflammung weiter die Sprengluftkapsel, welche ihrerseits die Schlagpatrone initiiert und die übrigen Patronen zur Detonation mitreißt,
zum vollständigen Umsatz zu Kohlensäure und Wasser bringt. Wie
bei anderen Sprengladungen, bewährt es sich auch hier, die Zündung
in die Mitte der Sprengladung zu legen, um die kürzeste Detona-
tionszeit und damit die größtmögliche Wirkung des Schusses zu
erzielen.

Wichtig erscheint besonders bei Kohle noch die vollständige Säuberung der Bohrlochwandungen von dem Bohrstaub, welcher, soweit er nicht nach außen entfernt, im Bohrlochtiefsten verlagert wird. Durch Verwendung eines Pfropfens aus feuchtem Lehm, der mittels eines Ladestockes durch das Bohrloch geschoben wird und alles den Bohrlochwandungen anhaftende Bohrmehl, Kohlenstaub, mit sich nimmt und diesen im Bohrlochtiefsten abschließt, wird dieser Zweck am einfachsten erreicht.

Nachdem sich die elektrische Momentzündung im allgemeinen als die vorteilhafteste Zündungsart erwiesen hatte, galt es, auch noch eine brauchbare Zeitzündung zu schaffen. Das bergmännische Arbeiten verlangt oft, daß eine Anzahl Schüsse kurz nacheinander in ganz bestimmter Reihenfolge zur Detonation kommt, da die nachfolgenden Serien erst wirken können, wenn die zuerst gewollten Platz für die Wirkung der nächsten geschaffen haben. Anderseits muß aber ein gemeinsames Besetzen sämtlicher Schußserien im Interesse der Wirtschaftlichkeit verlangt werden. Die Zeitintervalle zwischen den einzelnen Schußserien hat Bergassessor Dr. Hecker, Wintershall, dadurch bewirkt, daß er beispielsweise von zwei Serien die Schüsse der ersten mit Sprengkapseln, die Schüsse der zweiten mit Spezialzündern, nach Fig. 15, zündet. Der Zeitunterschied zwischen den beiden Schußserien wird dadurch bedingt, daß die schwache Zündung der zweiten Serie die Explosion der Sprengladungen langsamer entstehen läßt als die der ersten Serie, deren Sprengkapselinitiierung einen momentanen Umsatz der Sprengladungen bewirkt. Andere elektrische Zeitzündungen sind bisher in größerem Umfange nicht angewandt worden, da der für feste Sprengstoffe bisher gebräuchliche elektrische Zeitzünder nicht ohne weiteres auch für Sprengluftladungen zu verwenden ist. Man bewirkt deshalb dort, wo man Schüsse nacheinander abtun muß, die Zeitzündung mit Zündschnüren, die verschieden lang geschnitten und in der Reihenfolge angesteckt werden, wie die Schüsse kommen sollen.

Zusammenfassend sei hier nochmals erwähnt, daß der alte Grundsatz, der bei den bisher gebräuchlichen festen Sprengstoffen sich oftmals bewährt hat, auch für das Sprengen mit flüssigem Sauerstoff gilt, daß nämlich Wirkungsweise und Kraft nicht nur von der Sprengladung abhängen, sondern vielfach auch durch die zündende Initiierung bedingt werden. Das folgende Kapitel wird erneut Gelegenheit geben, darauf hinzuweisen.

d) Sicherheits-Sprengluftstoffe.

Der Kohlenbergbau stellt an die von ihm gebrauchten Sprengstoffe besondere Ansprüche, weniger wegen der Eigenheit des zu
sprengenden Materials, der Kohle oder des Nebengesteins, sondern
wegen der Gefährlichkeit, die Sprengschüsse im allgemeinen im Kohlen-
bergbaubetriebe bieten. Seine Strecken und Gänge enthalten häufig
explosive Gasgemische, welche dadurch entstehen, daß sich das den
Kohlenlagern entströmende brennbare Grubengas oder auch der
bei der Kohlengewinnung aufgewirbelte, sehr fein verteilte Kohlenstaub mit der Grubenluft mischen. Sehr viele Sprengstoffe, vor allem
hochbrisante wie Dynamit, sind durch ihre Schußflamme selbst
bei Anwendung geringer Mengen Sprengmunition imstande, solche
explosiven Grubengas- oder Kohlenstaubluftgemische zur Explosion
zu bringen, durch welche die Bergleute verletzt oder getötet werden
oder in den giftigen Kohlenoxyd-Nachschwaden umkommen können.
Bei den festen Sprengstoffen ist es gelungen, eine Reihe verschiedener
Arten schlagwetter- und kohlenstaubsicher herzustellen. Sie werden
so zusammengesetzt, daß bei Anwendung nicht allzu übermäßiger
Mengen ihre Schußflamme die Schlagwetter- und Kohlenstaubluftgemische nicht zur Entzündung bringt. Die theoretischen Richt-
linien für die Zusammensetzung solcher Sicherheitssprengstoffe für
den Kohlenbergbau liegen im allgemeinen fest. Sie lauten dahin,
daß ein Sicherheitssprengstoff keine zu hohe Explosionstemperatur,
keine zu hohe Detonationsgeschwindigkeit sowie keine zu große und
langwährende Schußflamme besitzen darf, aber trotzdem eine entsprechende Arbeitsfähigkeit aufweisen muß, um praktisch verwendet
werden zu können.

Die französische Kommission zur Prüfung schlagwettersicherer
Sprengstoffe hatte sich auf Grund der anfänglichen Versuche darauf
beschränkt, von Sicherheitssprengstoffen eine Explosionstemperatur
zu verlangen, die rechnungsgemäß nicht mehr als 1500° für den in
der Kohle und nicht mehr als 1900° für den im Gestein zu verwendenden Sprengstoff aufweist. Es wurde ohne weiteres die Anwendung
eines Sicherheitssprengstoffes gestattet, wenn aus der Explosivwärme
und der Zersetzungsgleichung des Sprengstoffes keine höheren Temperaturen als die angegebenen zu errechnen waren. Die Praxis be-
weist jedoch, daß es nicht angängig ist, nur auf Grund einer errech-
neten Explosionstemperatur allein einen Sprengstoff als Sicherheitssprengstoff anzusprechen.

Die Eigenart eines bestimmten Sprengstoffes wird bedingt durch die Detonationsgeschwindigkeit, die Länge und Dauer der Schuß- flamme, durch den Schwaden des Explosivstoffes und durch die Kraft des Sprengstoffes, gemessen z. B. an der Ausbauchung des Trauzl- schen Bleiblocks. Im Laufe der Zeit ist durch eingehende wissen- schaftliche Untersuchungen erwiesen, daß auch die Kenntnis der vorgenannten Faktoren noch nicht genügt, um mit völliger Be- stimmtheit sagen zu können, daß der Sprengstoff, wenigstens bei einer bestimmten Lademenge, wettersicher und kohlenstaubsicher ist. Einen absolut sicheren Sprengstoff gibt es überhaupt nicht, eine Tatsache, die ausdrücklich betont werden muß, denn jeder Spreng- stoff, von einer genügenden Lademenge ab, zündet explosive Gas-

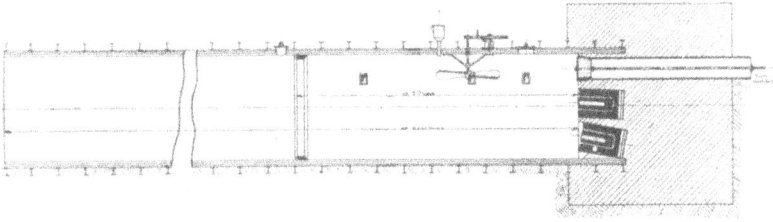

Fig. 19.

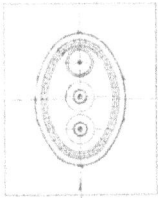

Fig. 20.

gemische, wie sie in der Grube zu finden sind. Es kann deshalb nur von einer relativen Sicher- heit gesprochen werden. Die relative Sicherheit aber, die von den Kohlenbergwerksbetrieben zum Schutze des Lebens der Bergleute und des Grubeneigentums verlangt werden muß, wird heute im allgemeinen weniger dadurch festgestellt, daß man die einzelnen Charakteristiken der Sprengstoffe ermittelt, als vielmehr dadurch, daß man in sogen. Versuchsstrecken empirisch die Schlag- wetter- und Kohlenstaubsicherheit feststellt. Solche Versuchs- strecken zur amtlichen Prüfung besitzen die verschiedenen Kohlen- distrikte in Deutschland, das Saargebiet, die Kohlengebiete Rhein- land-Westfalens und Oberschlesiens sowie auch die Kohlengebiete der übrigen Länder, wie Österreich-Ungarn, Frankreich, Belgien, England und Amerika. Außerdem aber haben sich die meisten Sprengstoff-Fabriken ebenfalls noch eigene Versuchsstrecken angelegt, und zwar gewöhnlich sogar mehrere von verschiedener Konstruk- tion, da die ausländischen Versuchsstrecken vielfach anders gebaut sind als bei uns in Deutschland. Eine deutsche Versuchsstrecke im

Längs- und Querschnitt zeigen Fig. 19 u. 20. Die Strecke ist eine über Tage angelegte künstliche Strecke elliptischen Querschnitts, an deren einem Ende ein Schußmörser eingebaut ist. Aus diesem Mörser werden die Schüsse der zu untersuchenden Sprengstoffe, und zwar zur verschärften Prüfung ohne Besatz, gegen ein explosives Grubengasgemisch oder Kohlenstaubluftgemisch abgetan und diejenige Lademenge ermittelt, bei welcher der aus dem Mörser flammende Schuß zündet. Die so festgestellte Grenzladung oder Sicherheitsgrenze wird dann, um einen bestimmten Bruchteil vermehrt, als Höchstladung zum Schuß in der Grube zugelassen. Eine Vergrößerung der Schußladung[1]) in der Grube ist deshalb zulässig, weil dort nur unter Besatz geschossen werden darf und dieser gewissermaßen eine schützende Hülle bildet, während die Flamme der Explosionsgase des unbesetzten Schusses aus dem Mörser fast mit ihrer Anfangstemperatur in das in der Versuchsstrecke befindliche Schlagwettergemisch unmittelbar hineinschlägt.

Ließ sich bei den bisher verwandten Sprengstoffen erst auf Grund langjähriger Arbeiten und Versuche über deren Sicherheit etwas Bestimmtes voraussagen, so mußte bei den Sprengstoffen mit flüssigem Sauerstoff erst recht die Erfahrung ausweisen, ob damit ein wetter- und kohlenstaubsicheres Schießen möglich ist. Nicht nur, daß der Sprengstoff mit flüssigem Sauerstoff an und für sich schon z. B. durch seine tiefe Anfangstemperatur und auch durch die beständige Entwicklung von freiem Sauerstoff seine besonderen Eigentümlichkeiten aufwies, sondern er veränderte sich auch durch die beständige Vergasung des flüssigen Sauerstoffs in seiner Zusammensetzung, so daß von Augenblick zu Augenblick die oben erwähnten Explosivcharakteristiken andere wurden. Diese Tatsachen versprachen anfänglich den Sprengluftstoffen keine große Aussicht auf Schlagwetter- und Kohlenstaubsicherheit, und in der Tat zeigten auch die ersten Versuche, die von der Karbonit-A.-G. in Schlebusch ausgeführt wurden, keine besonderen Erfolge. Die damals verwandten Sprengluftmischungen neigten jedenfalls zur Bildung einer sehr heißen und langwährenden Schußflamme, die nur unter außerordentlicher Beeinträchtigung der Sprengkraft bis zur Ungefährlichkeit herabgemindert werden konnte.

Als im Jahre 1912 Baldus-Kowastch das Schießen mit flüssigem Sauerstoff nach ihrem Verfahren, welches die Sprengluftladungen

---

[1]) Ministerialerlaß vom 21. Oktober 1910.

im Bohrloche selbst erst fertigstellt, aufgenommen hatten, wurden von Kowastch auf der Versuchsstrecke der Kgl. Bergwerksdirektion Saarbrücken in Neunkirchen auch die Versuche zur Ausbildung schlagwettersicherer Flüssige-Luft-Sprengstoffe wieder aufgenommen, die ersten Anfänge hierfür erreicht und die Grundlagen festgestellt. Fortgesetzt wurden diese Arbeiten von der Sprengluft-Gesellschaft unter Anwendung des Tauchverfahrens und von Patronen mit durchlässiger Hülle. Im Oktober 1915 wurde auf der Berggewerkschaftlichen Versuchsstrecke zu Derne ein Testat über die Schlagwettersicherheit erzielt. Es sind hierbei, wie von Kowastch, Sprengluftmischungen aus Korkkohle, Petroleum und Salz verwandt, wobei das letztere als Mittel zur Dämpfung der Schußflamme und zur Verminderung sogen. Sekundärflammen benutzt wurde. Bei diesen Versuchen wurde, um die verschiedensten Zusammensetzungen der Patrone zu berücksichtigen, vom Herausnehmen der Patrone aus dem Tauchgefäß bis zum Abtun des Schusses gerechnet, in Zeitabständen von ca. 1 Minute geschossen und ein sicherer Schuß bis zu 5 Minuten Wartezeit erzielt, wie dies aus dem — hier nicht abgedruckten — Auszug Nr. 401 der amtlichen Schießliste zu ersehen ist.

Mit dem Problem der Schlagwettersicherheit der Sprengluftstoffe beschäftigten sich ferner auch Bergassessor Beyling in Westfalen und Wilhelmi in Oberschlesien.

Im wesentlichen gingen diese Versuche von den feststehenden Prinzipien aus, wie sie bei den bisherigen Sicherheitssprengstoffen bekannt waren. Es wurde versucht, eine Mischung ausfindig zu machen, die beim Schießen mit Sprengkapsel Nr. 8 relative Sicherheit bot. Wilhelmi verwendet als Kohlenstoffträger Rohanthrazen, welches er an Kieselgur bindet, um dieses, wie von den ersten Arbeiten von Linde her bekannt, als Aufsaugemittel für den flüssigen Sauerstoff zu benutzen; ferner sind dann der Patrone dämpfende Salze der verschiedensten Art zugesetzt worden. Beyling setzt seine Sicherheitspatrone aus Korkmehl, Öl und Salz zusammen.

Die Sprengluft-Gesellschaft ging zur Erzielung eines Sicherheitssprengstoffes mit flüssigem Sauerstoff besondere Wege und war mit Erfolg bemüht, außer einer passenden Zusammensetzung der Patronen auch die Konstruktion aller Teile, die für einen Sicherheitsschuß in Betracht kommen konnten, den zu stellenden Anforderungen anzupassen.

Nach eingehenden systematischen Versuchen auf verschiedenen Versuchsstrecken gelang es schließlich, Sprengluftsicherheitspatronen

herzustellen, welche der bergbaulichen, berechtigter Weise besonders
scharfen Prüfungsart für Patronen mit flüssigem, also freiem Sauerstoff standzuhalten vermögen. Wie aus dem auf S. 41 zum Abdruck
gebrachten Auszug aus der Schießliste der Versuchsstrecke Beuthen
ersichtlich, bieten die untersuchten Sprengluftpatronen tatsächlich,
selbst über eine verhältnismäßig lange Wartezeit hinweg, die nötige
Sicherheit. Dieses Ergebnis ist dadurch erreicht worden, daß Patronenmischung und Hülle, vor allem aber die Initialzündung (D.R.P. a.),
der Eigenart des Sprengstoffes angepaßt wurden. Denn viel mehr
als bei dem allgemeinen brisanten Schuß ist es bei dem wettersicheren
Schuß notwendig, daß zur Erzeugung einer glatten Detonation und
guten Detonationsübertragung von einer Patrone zur anderen die
Zündung entsprechend gewählt wird. Bei Verwendung von Knall-
quecksilber- oder Bleiazidkapseln Nr. 8, wie sie für die festen Sicherheitssprengstoffe angewandt werden, tritt beim Sprengluftschuß
nach kurzer Wartezeit keine Detonation mehr ein, sondern es findet
nur ein Verflammen des Sprengstoffs statt, wodurch unfehlbar das
Wetter- oder Kohlenstaubluftgemisch entzündet wird. Nur bei kurzen
Wartezeiten kann man den Sicherheitssprengluftstoff mit Kapsel
Nr. 8 initiieren, wobei aber, wenn der Schuß richtig kommen soll,
noch Voraussetzung ist, daß die verwendeten Sprengkapseln mit dem
elektrischen Zünder so dicht abgeschlossen sind, daß der flüssige Sauerstoff der Patrone möglichst nicht mit dem Knallsatz in Berührung
kommt. In einem solchen Falle findet beim Versagen der Sprengkapsel leicht ein Anzünden und Verpuffen der Sprengluftladung durch
die Stichflamme der elektrischen Zündpille statt, so daß durch die
heiße und langwährende Flamme des deflagrierenden Explosions-
stoffs wiederum Schlagwetter- und Kohlenstaubgemische gezündet
werden. Bei Einzelschüssen ist es möglich, mit diesen kurzen Wartezeiten auszukommen, und daher werden im praktischen Grubenbetriebe
bei Verwendung einiger Sicherheitssprengstoffe mit flüssigem Sauerstoff die Sprengkapseln Nr. 8 angewendet. Zur Erzielung einer größeren
Sicherheit konstruierte die Sprengluft-Gesellschaft die auf S. 33 mit
Fig. 17 dargestellte Sprengluftkapsel, welche, wie bereits dort erwähnt, den Knallquecksilbersprengkapseln gegenüber den Vorzug besitzt, ohne flüssigen Sauerstoff unexplosiv zu sein, bezw. den
großen Vorteil aufweist, erst mit flüssigem Sauerstoff getränkt zum
hochwirksamen Initial zu werden. Der Zünder ist so konstruiert,
daß auch bei weitvorgeschrittener Verdampfung des Sauerstoffs
aus der Patrone selbst die geringen noch vorhandenen Sauerstoff-

Oberschlesische Zentralstelle für Gruben-Rettungswesen und Versuchs-Strecke Beuthen O.-S.

Auszug aus der Schießliste

betreffend Schießversuche mit dem Sprengstoff

Sprengluft W. 2

der Sprengluft-Gesellschaft, Charlottenburg 2, Knesebeckstr. 5.

Die Schüsse sind aus einem Mörser von 55 mm Bohrung ohne Besatz abgegeben. Querschnitt der Versuchsstrecke 3,68 qm.

Tag der Erprobung	Schuß-Nr. der Schießliste	Sprengstoff Name	Lademenge g	Patronierung	Lage der Patronen im Mörser	Nr. der Sprengkapsel	Gruben-gasbei-mengung	Kohlenstaub Ur-sprung	Kohlenstaub Gestreut	Kohlenstaub Aufge-wirbelt	Tempe-ratur in der Strecke °Cels.	Versuchs-ergebnis (Z-Zündg.)	Tränk-zeit in Minuten	Zeit zwischen dem Herausnehmen der Patronen aus dem Tauchgefäß / Beginn des Ladens und dem Wegtun des Schusses (Minuten)
		Trockengewicht ohne Zünder	280									(K.Z. Keine Zündung)		
2. II. 17		Sprengluft W. 2												
	1	Tauchgewicht . . .	500	35 mm	1 + 1	—	8	—	—	—	23,5	K.Z.	22	4
	2	Zusammensetz. nicht	500	«	1 + 1	—	8	—	—	—	25,5	K.Z.	18	8
	3	angegeben, jedoch in	500	«	1 + 1	—	8	—	—	—	18	K.Z.	17	10
	4	verschlossenem Brief-	500	«	1 + 1	—	8	—	—	—	23,5	K.Z.	20	12
	5	umschlag von Dr.	500	«	1 + 1	—	8	—	—	—	25	K.Z.	22	14
	6	Martin überreicht;	500	«	1 + 1	—	8	—	—	—	26,5	K.Z.	16	16
	7	als Zünder wurden sog.	500	«	1 + 1	—	8	—	—	—	20,5	K.Z.	5,5	7,5

Sprengluft-Spezial-zünder verwendet. Schlagpatrone kann nicht als Zusatzpatrone verwendet werden, da Anlieferung mit bereits eingebrachten Zündern erfolgt. Vulkanzünder. Flüssige Luft von Heinitzgrube 92% O.

(Stempel). Beuthen OS., den 2. 2. 1917.

Oberschlesische Zentralstelle für Gruben-Rettungswesen und Versuchs-Strecke

gez. Mann, Bergrat

beglaubigt

Mann 21. 2. 17.

Anmerkung: Bei den Schüssen Nr. 1–6 waren die Patronen nicht perforiert, daher die langen Tränkzeiten. Bei Schuß Nr. 7 wurden die Patronen von Herrn Dr. Martin mit einem Messer durchlöchert und nur 5½ Minuten lang getaucht.

mengen in derselben explosiv mit den verbrennbaren Bestandteilen
der Patrone umgesetzt werden. Hierdurch wird das für die Zündung
der Wetter- und Kohlenstaubluftmischungen gefährliche Verflammen
so gut wie ganz beseitigt, weil der Zünder die Sprengladung zur richtigen Detonation bringt, solange er noch wirksam ist. Hat aber der
Zünder seine Wirksamkeit durch Sauerstoffverlust eingebüßt, so
hat auch die Sprengladung ihren Sauerstoff soweit verloren, daß sie
selbst nicht mehr zur Entflammung zu bringen ist. Da auch die
Kraft des Sicherheitssprengluftstoffs ausreichend ist, — die Höchst-
lademenge für den praktischen Betrieb entspricht 7 Karbonitpatronen
— so dürfte die Anwendung der Patronen mit flüssigem Sauerstoff
auch für das Sicherheitsschießen ermöglicht sein. Wenn in späterer
Zeit die Benutzung noch weiterer Hilfsmittel zur vollkommensten
Ausbildung des Verfahrens möglich sein wird, werden auch bezüglich
der Schlagwettersicherheit der Sprengluftstoffe noch weitere Fortschritte zu erwarten sein.

e) Die Explosivkraft des Sprengstoffs mit flüssigem Sauerstoff.

Die ersten Versuche, die Linde mit dem Sprengstoff Oxyliquit aus-
führte, hatten bereits gezeigt, daß der damals verwendete Sprengstoff
mit flüssiger Luft, aus welcher durch Abdampfen ein Teil des Stickstoffs entfernt war, eine so große Wirkung hatte, daß Linde dieselbe
in seiner Patentanmeldung vom 14. August 1897 (s. S. 9) als dem
Dynamit ähnlich bezeichnen konnte. Gerade die außerordentliche
Sprengkraft war es, die von Anfang an dazu ermutigte, die Oxy-
liquitmischungen, deren erste Zusammensetzungen in Hinsicht auf
Schlag- und Stoßempfindlichkeit sowie Zündempfindlichkeit selbst
gegen kleine Funken noch Verbesserungen erfahren mußten, weiter
zu untersuchen und zu entwickeln.

Die mit dem Oxyliquit angestellten praktischen Versuche sowohl als die wissenschaftlichen Prüfungen der Zentralstelle für
sprengtechnische Untersuchungen in Neu-Babelsberg und der Karbonit-A.-G. in Schlebusch erwiesen denn auch die große Explosivkraft der damals verwendeten Sprengluftmischungen. Dr. Sieder berichtet hierüber in seiner Abhandlung »Oxyliquit« im ersten Jahrgang der Zeitschrift für das ges. Schieß- und Sprengstoffwesen und
führt an, daß man die größte Sprengwirkung unter Verwendung von
Kohlenwasserstoffen mit großer Verbrennungswärme, wie Petroleum

und Paraffin, erzielte. In diesem Bericht sind einige Versuchszahlen
angegeben, welche sich bei den Prüfungen verschiedener Oxyliquit-
mischungen in Bezug auf Sprengkraft in der sogen. 20-Literkammer
und dem ballistischen Pendelapparat[1]) ergeben haben. Es seien hier
zwei Daten im Vergleich mit Sprenggelatine, dem festen Sprengstoff
von höchster Wirksamkeit, angeführt, und zwar geben die Zahlen an,
welche Mengen Sprengstoff zur Erzielung eines Druckes von 40 kg/cm²
nötig waren:

Oxyliquitmischung: Korkkohle + Petroleum + flüssige
    Luft . . . .   58,0 g
Oxyliquitmischung: Kieselgur + Petroleum + flüssige
    Luft . . . .   115,0 g
Fester Sprengstoff: Sprenggelatine . . . .   86,2 g

Nach diesen Zahlen ist der Oxyliquitsprengstoff als vollwertiger
Dynamitersatz anzusehen, um so mehr, als die damaligen Versuche
auch ergeben haben, daß die Leistung des Sprengstoffs bei höherem
Sauerstoffgehalt der flüssigen Luft größer wird und bei 80% Sauerstoffgehalt die Kraft der Sprenggelatine erreicht. Auch diese Zahlen,
von Dr. Sieder veröffentlicht, dürften hier von Interesse sein, weil
sie zeigen, welche Bedeutung die Gewinnung von flüssigem Sauerstoff durch Linde auch für das Sprengluftverfahren gehabt hat.

Sauerstoffgehalt der Luft .	50%	60%	70%	80%
Gewicht der Patrone: . . .	147 g	131 g	120 g	111 g
Zur Erzielung eines Druckes von 40 kg in der 20-Liter-kammer waren erforderlich:	115 g	103 g	96 g	87 g

Die Sprengversuche, welche Baldus-Kowastch nach ihrem Verfahren im Jahre 1912 in Rüdersdorf vorgenommen haben, bestätigten
aufs neue die außerordentliche Sprengfähigkeit des flüssigen Luft-
sprengstoffs, und auch das später in größerem Umfange von der
Marsit-Gesellschaft aufgenommene Sprengluftverfahren brachte den
vollen Beweis, daß der Sprengstoff mit flüssigem Sauerstoff in seiner
Wirkung von anderen kaum übertroffen werden kann. In der Tat hat
sich gezeigt, daß in weicherem Gestein, vor allem auch in der Kohle,
der Sprengstoff mit flüssigem Sauerstoff viel besser schafft, als die bisher angewandten Sprengstoffe. Seine Wirkung ist nicht nur voller
und breiter, sondern auch wirtschaftlich gerade für die Kohlengewinnung günstiger, weil infolge der Eigenart des Sprengstoffs der

---

[1]) C. E. Bischel, Untersuchungsmethoden für Sprengstoffe.

Stückkohlenfall bedeutend reichlicher wird. Im Laboratorium ausgeführte Messungen über die Kraft der verschiedenen Sprengluftpatronen, wie sie für andere Sprengstoffe in der Trauzl-Bleiblockprobe oder in der bereits erwähnten Hochdruckkammer von Bichel und Mettegang gebräuchlich sind, wurden bisher nicht veröffentlicht. Die technischen und praktischen Sprengergebnisse haben aber zur Genüge gezeigt, daß mit dem Sprengstoff mit flüssigem Sauerstoff nicht nur ein vollwertiger Ersatz für die bisher verwandten festen Sprengstoffe vorhanden ist, sondern auch infolge der stärkeren Wirkung der Sprengluftladungen erheblich an Bohrlöchern und dadurch an Arbeitskraft gespart werden kann.

Auch aus theoretischen Erwägungen heraus läßt sich Günstiges über die Energie-Entwickelung des Sprengluftstoffes sagen. Bekanntlich hängt die Leistungsfähigkeit eines Explosivs zunächst von seiner Arbeitsfähigkeit ab, welche ihrerseits wieder bedingt wird durch die Gasentwicklung und die Wärmemenge, die bei der Explosion entstehen; dann aber auch von der Detonationsgeschwindigkeit, d. h. der Schnelligkeit, mit welcher die Explosionsgase und die Explosionswärme entbunden werden. Bei sehr starkem Einschluß wird die Detonationsgeschwindigkeit allerdings weniger in Frage kommen, da der feste Besatz durch seine Trägheit die hocherhitzten Explosionsgase so lange zusammenhält, bis der detonative Umsatz sich vollkommen vollzogen hat und die gesamte Arbeitsfähigkeit der Explosionsgase ausgenützt wird. Bei festem Besatz kommt somit hauptsächlich die Arbeitsfähigkeit des Sprengstoffs in Frage, d. h. die den hocherhitzten Explosionsgasen innewohnende Schleuderkraft. Diese wird umso größer sein, je größer die Dichte des Sprengstoffs ist und je mehr Explosionsgase in der Raumeinheit der Sprengladung frei werden. Rechnerisch erhält man also die theoretische Arbeitsfähigkeit eines Sprengstoffs durch das Produkt von Explosionsdruck und Volumen der Explosionsgase, wobei man den Explosionsdruck aus der Explosionstemperatur entwickelt, bezw. aus der experimentell ermittelten Größe der Explosionswärme und den spezifischen Wärmen der Explosionsgase gewinnt. Die einschlägige Literatur[1]) bringt hierüber bereits Ausführliches; hier seien in Tabelle 2 nur einige Daten angeführt, welche die Arbeitsfähigkeit von Ruß-Sauer-

---

[1]) z. B.: R. Eskales, München. Die Explosivstoffe, Heft 1 bis 6, Verlag von Veit & Co., Leipzig; L. Wöhler, Zeitschr. für angewandte Chemie, Heft 24, S. 2090, 1911; F. Martin, Zeitschr. für das ges. Schieß- und Sprengstoffwesen, 1916.

Tabelle 2.

Art des Sprengstoffes		Spreng-luftstoff	Spreng-luftstoff	Spreng-Gelatine	Gur-Dynamit 75%
Dichte beim Abschuß . . . . G/cm³		1,05	1,15	1.6	1,6
Explosionswärme . . . , . . ca. cal./g		2056	2056	1550	1170
Gasmenge	pro g	505	510	710	628
	pro cm³	537	598	1136	1005
Relative Arbeitsfähigkeit in mkg (= Arbeitsdichte)	pro g	85,1	85,1	102,5	81,6
	pro cm³	90,4	100,7	164,0	130,5

stoffsprengstoffen mit verschiedener Dichte im Vergleich zur Sprenggelatine und Gurdynamit veranschaulichen.

Die in vorstehender Tabelle verzeichneten Daten wurden unter der
Annahme errechnet, daß ein gut aufsaugefähiger Ruß mit 100%igem
Sauerstoff getränkt wird und bei dem Einsetzen der Explosion so viel
davon verdampft ist, daß der Rest gerade noch zur vollkommenen
Verbrennung des Kohlenstoffs zu Kohlensäure ausreicht. Wie ersichtlich, ist die Explosionswärme pro Gramm des fertigen Sprengstoffs im Vergleich zu Dynamit außerordentlich hoch, die Gasentwicklung dagegen geringer. Beide Größen ergänzen sich aber, so
daß eine Arbeitsfähigkeit errechnet wird, die, auf die Gewichtseinheit
bezogen, diejenige von Gurdynamit noch übertrifft, jedoch die der
höchstwirksamen Sprenggelatine nicht ganz erreicht. Die Arbeitsfähigkeit für die Raumeinheit erscheint nach der Rechnung geringer
als bei Dynamit, infolgedessen wird auch die Detonationsgeschwindigkeit und die Brisanz geringer sein, so daß der angeführte Ruß-Sauer-
stoffsprengstoff zwar sehr kräftig, aber weicher wirken wird als Dynamit. Bei Verwendung von dichteren Kohlenstoffträgern als der an-
gezogene Ruß, bezw. bei dichterer Rußstopfung erhält man indessen
rechnerisch günstigere Zahlen für die Arbeitsfähigkeit, bezogen auf
die Raumeinheit, wenn man die Verbrennung, statt zu Kohlensäure,
zu Kohlenoxyd gehen läßt. Aber abgesehen davon, daß man praktisch
im allgemeinen die Bildung von giftigem Kohlenoxyd in den Schuß-
gasen zu vermeiden sucht, wird es einem solchen Sprengluftstoff,
dessen Kohlenstoffträger nur zu Kohlenoxyd verbrennt, infolge der
viel geringeren Explosionswärme bei der Kohlenoxydbildung an genügender Detonationsgeschwindigkeit fehlen, um als stark brisant
gelten zu können.

Die eben erwähnte Detonationsgeschwindigkeit, der andere
Faktor, der neben der Arbeitsfähigkeit des Sprengstoffs seine technische Sprengkraft bedingt, ist naturgemäß von der Wahl der verbrennbaren Körper, besser gesagt, von der Art der chemischen Reak-
tion, welche bei der Explosion sich vollzieht, abhängig. Es ist dies
genau so wie bei den festen Sprengstoffen, und wie dort läßt sich über
die Größe der Detonationsgeschwindigkeit rechnerisch bis jetzt nichts
voraussagen. Sie wird experimentell ermittelt, entweder dadurch,
daß man effektiv die Geschwindigkeit mißt, mit welcher die Explosion
durch eine lange Patronenreihe von einem Ende zum anderen läuft,
oder indem man eine Vergleichsmessung anstellt mit einem Sprengstoff bekannter Detonationsgeschwindigkeit. Über die Sprengluftstoffe sind nun eingehendere Geschwindigkeitsmessungen in der Literatur nicht bekannt. Auch hier verlangt die Eigenheit des Sprengstoffs
besondere Maßnahmen bezw. Abänderungen der bisher gebräuchlichen Methoden, da der beständige Verlust der Patronen an Sauerstoff jedenfalls eine ganze Reihe von Beobachtungen zur Charakteri-
sierung erfordert, zu welcher bei den festen Sprengstoffen schließlich
nur eine einzige notwendig war. Die Vorbedingung eines hinreichend
raschen detonativen Umsatzes ist bei genügend feiner Verteilung,
bezw. Oberflächenentwicklung eines Kohlenstoffträgers dadurch
gewährleistet, daß der flüssige Sauerstoff als Flüssigkeit sich außerordentlich innig mit der anderen Sprengstoffkomponente, dem Kohlenstoffträger, berührt und durch ihre große Benetzungsfähigkeit außerordentlich leicht den aufsaugefähigen Kohlenstoffträger sättigt. Besonders große Detonationsgeschwindigkeit, und damit hohe Brisanz,
besitzen, wie dies bereits bei den ersten eingehenden Untersuchungen
mit Oxyliquit festgestellt worden ist, Flüssig-Luft-Sprengladungen,
welche Kohlenwasserstoffe, Öle, Fette u. dgl. enthalten, und man
ist nach bisherigen Vorversuchen zu der Annahme berechtigt,
daß die Detonationsgeschwindigkeit bei diesen hochbrisanten Mischungen ungefähr 5—6000 m in der Sekunde beträgt, daß sie bei
anderen, wie bei den Rußsprengstoffen oder reinen Kohlenstoffspreng-
stoffen, indessen etwas geringer sein wird. Eingehendere Versuche
über die jetzt in der Praxis in größerem Umfange angewendeten
Sprengluftstoffe verschiedener Zusammensetzung und verschiedener
mechanischer Behandlung werden erst später auf Grund umfangreicher
wissenschaftlicher Arbeiten veröffentlicht werden können.

IV. Flaschen und Gefäße für flüssigen Sauerstoff.

Für die Wirtschaftlichkeit des neu einzuführenden Sprengverfahrens war die Beschaffung von Aufbewahrungs-, Transport- und Arbeitsgefäßen von größter Wichtigkeit. Infolge des tiefliegenden Siedepunktes des flüssigen Sauerstoffs von — 183° C. verdampft derselbe bei normaler Raumtemperatur außerordentlich schnell. Um diese Verdampfungsverluste von tiefsiedenden Flüssigkeiten möglichst klein zu gestalten, hatte Weinhold doppel- oder mehrwandige Glasgefäße in Vorschlag gebracht, bei welchen die Räume zwischen den Wandungen so stark wie möglich evakuiert wurden. Eine Verbesserung dieser Gefäße wurde von Dewar noch dadurch erzielt, daß er die äußere Wand des inneren Gefäßes mit einem Spiegel zur Brechung der Wärmestrahlen versah.

Diese Gefäße, hauptsächlich in Laboratorien verwendet, waren weiteren Kreisen bekannt, weil sie auch zu Vorführungszwecken benutzt wurden.

Naturgemäß wurden die Hersteller derartiger Behälter auch zuerst zur Lieferung von Gefäßen für das Sprengen mit flüssigem Sauerstoff herangezogen. Man glaubte zunächst, lediglich durch veränderte Formgebung die außerordentlich wichtige Gefäßfrage gelöst zu haben. Die Behälter wurden aus dem gewöhnlich verwendeten Glas hergestellt und nur statt der Kugelform die zylindrische oder längliche gewählt. Wegen der außerordentlich großen Beanspruchungen durch den schroffen Temperaturwechsel mußte man auch die gebräuchlichen Wandstärken von $1\frac{1}{4}$ bis $1\frac{1}{2}$ mm beibehalten, da starkwandige Glasbehälter infolge des verhältnismäßig großen Ausdehnungskoeffizienten des bisher verwendeten Glases sehr leicht springen, wenn sie großen Temperaturschwankungen ausgesetzt sind. Im rauhen Bergwerksbetriebe zeigte sich sehr bald, daß diese Glasgefäße den Anforderungen, die hier an sie gestellt wurden, durchaus nicht gewachsen waren. Sowohl die mechanische Festigkeit gegen Stoß und Schlag, als auch die Widerstandsfähigkeit gegen schroffen Temperaturwechsel ließ alles zu wünschen übrig.

Heylandt, welcher sich bereits seit 1902 mit der Herstellung von Gefäßen für flüssige Luft als Ersatz für die zerbrechlichen Glasgefäße befaßte, hat s. Z. schon versucht, die Vakuumbehälter ganz und gar aus Metall herzustellen. Seine damaligen Versuche scheiterten, und er stellte dann die Innenbehälter aus Porzellan und die

Außenbehälter aus Metall her. In dem D. R. P. Nr. 165 682 ist diese
Ausführungsart der Gefäße beschrieben. Schließlich ließ Heylandt
die Behälter ganz aus Porzellan herstellen, und die ersten Ausführungen wurden 1904 von der Kgl. Porzellanmanufaktur in Meißen,
hauptsächlich aber in Berlin angefertigt. Obwohl die Porzellanfla-
schen in Bezug auf mechanische Festigkeit und schroffen Temperaturwechsel den Glasflaschen überlegen waren,
ging Heylandt später dennoch wieder zur
Konstruktion von Metallflaschen über.

Angeregt durch den großen Bedarf infolge der nun schnell zunehmenden Einführung des Sprengluftverfahrens, ver-
besserten die Hersteller von Glasgefäßen
deren Ausführung hauptsächlich durch
die Zusammensetzung des zur Verwendung
kommenden Glases. Es wurde auch danach gestrebt, Konstruktionen zu schaffen,
welche die Verwendung von Glas mit geringem Ausdehnungskoeffizienten trotz
der großen Temperaturunterschiede zu-
ließen. Die Ausführung solcher Glasgefäße
aus Spezialglas, wie sie z. B. von Tigges &
Walter, Berlin, angeboten werden, zeigt
Fig. 21. Die Transportflaschen dieser
Firma werden in Größen für 5, 10 und
25 Liter Inhalt ausgeführt. Im Falle der
Zerstörung eines Glasgefäßes ist das
Schutzgehäuse aus Eisenblech zum Einsetzen eines Ersatzgefäßes leicht zu öff-
nen. In ähnlicher Ausführung bietet die
Firma auch Tauchgefäße an mit einer Tiefe
von 400 mm, in den Durchmessern von
60, 90, 100, 120 und 140 mm, und weiter

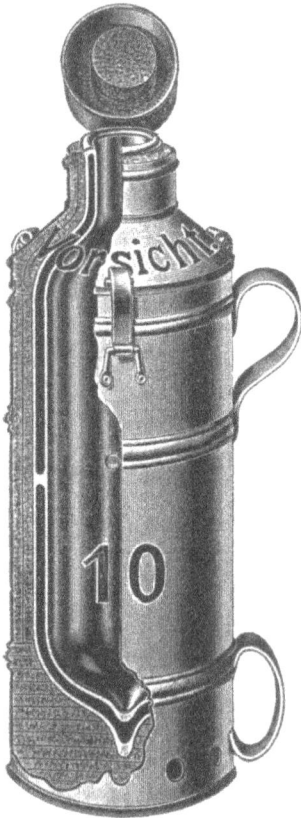

Fig. 21.

ein Tauchgefäß mit 300 mm Tiefe bei 200 mm Durchmesser. Ferner
wird eine Kombination von Tauchgefäß und Transportflasche unter
dem Namen Tauchtransportflaschen in den Größen von 5, 10 und
15 Liter Inhalt ausgeführt. Durch eine auf dem Glashals an-
gekittete Schutzkappe und mit Hilfe von Spiralfedern ist das
doppelwandige Glasgefäß freischwebend in dem Schutzgehäuse ge-
lagert, so daß es in diesem nach allen Richtungen hin Bewegungen

ausführen kann. Stöße beim Aufsetzen der Gefäße werden von den Federn aufgenommen und sanft auf den Glashals übertragen. Nach Mitteilungen der Firma hat sie eine verbesserte Lagerung des Glasgefäßes im Schutzgehäuse vor kurzem zum Patent angemeldet, bei welcher das Glasgefäß auch noch vom Boden des Schutzgehäuses aus durch einen nach allen Richtungen hin federnden Tragkorb ge-

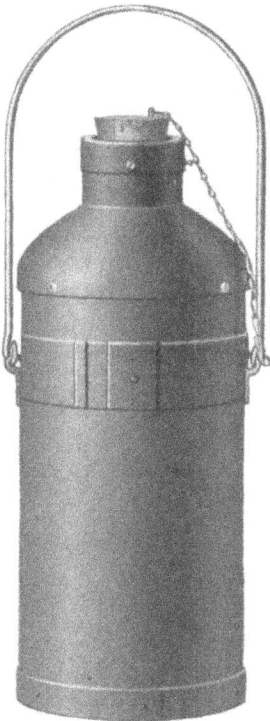

Fig. 22.

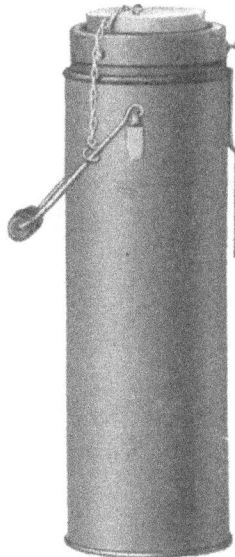

Fig. 23.

halten wird. Die Verdampfung der flüssigen Luft in diesen Gefäßen ist von der Berggewerkschaftlichen Versuchsstrecke in Derne für die 5 Liter-Transportflasche mit 36 g und für die 10 Literflasche mit 75 g pro Stunde bestätigt. Die Firma gibt die stündlichen Verdampfungsverluste ihrer Gefäße mit 0,5% bis 1% an.

Die Isola-Gesellschaft für Wärme- und Kälteisolierung m. b. H., Berlin, hat ebenfalls an der Verbesserung der Glasgefäße gearbeitet. Das von ihr verwendete Glas hat eine Zusammensetzung, die es unter

Anwendung eines zum Patent angemeldeten Verfahrens ermöglicht, die Gefäße mit Wandstärken von 3—4 mm und mehr herzustellen, ohne daß die Widerstandsfähigkeit gegen schroffen Temperaturwechsel beeinträchtigt werden soll. Die starken Wandungen der Gefäße erhöhen naturgemäß auch die mechanische Festigkeit. Die Verdampfungsziffern werden gleich denen anderer Glasgefäße angegeben. In Fig. 22 ist ein Isolatransportgefäß dargestellt, welches in Größen von $5\frac{1}{2}$—$10\frac{1}{2}$ Liter Inhalt ausgeführt wird.

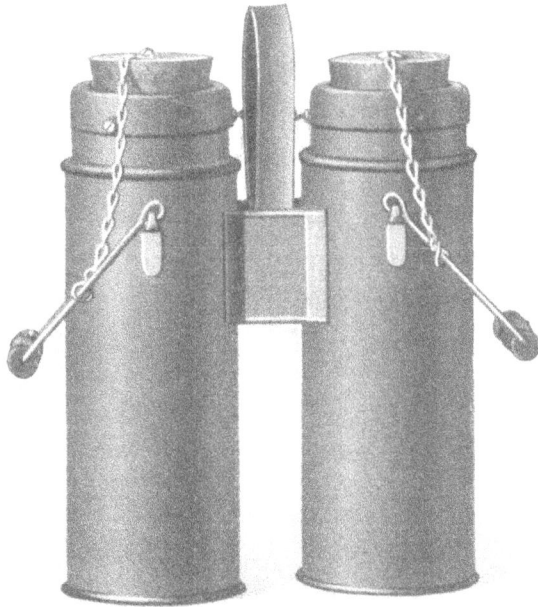

Fig. 24.

Die Tauchgefäße dieser Firma, Fig. 23, werden bei 350 mm Tiefe und 92 mm Durchmesser mit 2 Liter, und bei 400 mm Tiefe und 100 mm sowie 160 mm Durchmesser mit 3 und 7 Liter Inhalt angeboten. Bei der Konstruktion der eisernen Schutzgehäuse ist ebenfalls auf leichtes Auswechseln etwa zerstörter Glasgefäße Rücksicht genommen. Diese Tauchgefäße sollen auch gleichzeitig als Transportgefäße benutzt werden; zu diesem Zweck sind je 2 Gefäße an einem Traggriff, wie Fig. 24 zeigt, vereinigt. Mit dem einen Schutzgehäuse dieser Gefäße ist der Traggriff fest verbunden; das zweite Gefäß wird in diesen eingehängt. Die Ausführung eines größeren Isolatauchgefäßes ist in Fig. 25 im Schnitt schematisch veranschaulicht. Das doppelwandige Glasgefäß ist in ein eisernes Schutzgehäuse eingesetzt und durch Asbesteinlagen c und Schutzkappe b in demselben fest verlagert. Die Schutzkappe ist durch Lösen von kleinen Schräubchen vom Schutzgehäuse abzunehmen, so daß ein etwa notwendig gewordenes Ersatzgefäß leicht in das Schutzgehäuse eingesetzt werden kann. Um Zerstörungen des Glasgefäßes nach Möglichkeit zu vermeiden, ist noch eine Schutzschale a aus Eisenblech in das Glasgefäß eingehängt; es wird hierdurch vermieden, daß etwa in das Tauchgefäß hineinfallende Stücke bis zum Boden des Glasgefäßes gelangen und dieses zerschlagen.

Auch die Deutsche Dewar-Flaschengesellschaft, Berlin, hat sich mit der Herstellung von Glasgefäßen in größerem Umfang betätigt.

Inzwischen ist es der Kgl. Porzellanmanufaktur in Berlin sowie der Porzellanfabrik Ph. Rosenthal & Co. A.-G. in Selb i. Bay. gelungen, solche Gefäße aus Porzellan herzustellen. Auch hierbei sind bei vorkommendem Bruch der Gefäße leicht Ersatzgefäße in die Umhüllungen einzusetzen. Die Tauchgefäße werden bei 400 mm Tiefe mit 100, 150, 180 und 250 mm Durchmesser ausgeführt. Die Transportflaschen sind in Normalgrößen von 6, 8 und 10 Liter Inhalt vorhanden. Die Verdampfung der flüssigen Luft in diesen Gefäßen beträgt etwa 1% in der Stunde. Versuche haben ergeben, daß die Porzellangefäße,

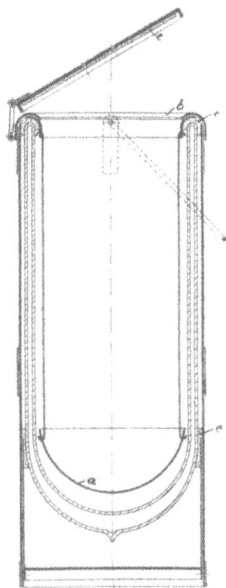
Fig. 25.

nachdem sie erst mit flüssigem Paraffin auf 200° C erhitzt und dann plötzlich durch Eingießen flüssiger Luft auf —180° abgekühlt wurden, vollständig intakt geblieben sind. Auch die Porzellangefäße haben bei doppelwandiger Ausführung einen Mantelraum als Isolierung, welcher ebenfalls evakuiert wird.

Wie bereits erwähnt, hatte Heylandt die Herstellung von Aufbewahrungsgefäßen für flüssige Luft ganz aus Metall wieder aufgenommen, und 1910 wurden auf seine Konstruktionen die D.R.P. Nr. 250263 und 255860 erteilt. Diese Patente betreffen die Aufhängung der inneren Kugel und die Verwendung von Absorptionsmitteln, als welches Magnesiumkarbonat genannt ist. Die Fig. 26 und 27 veranschaulichen das Prinzip der Ausführung dieser Trans-

4*

portflaschen, von denen früher auch eine größere Anzahl nach England geliefert worden ist, wo sie in Bergwerken für die Füllung der dort verwendeten Atmungsapparate mit flüssigem Sauerstoff benutzt werden. Das Patent auf die Verwendung von Magnesiumkarbonat (D. R. P. 255860) als Absorptionsmittel ist übrigens doppelt erteilt worden, denn bereits 1905 hatte sich Dewar die Verwendung von Magnesium-Verbindungen als Absorptionsstoffe bei tiefen Temperaturen patentieren lassen. Unter der Firma Maschinen- und Apparatefabrik A. R. Ahrendt & Co. m. b. H., Berlin, erwarb Heylandt 1913 mit allen Rechten auf die Dewar-Patente auch die Rechte auf das Verfahren zum Absorbieren von Gasen oder Dämpfen mittels Holzkohle, D.R.P. Nr. 169514 vom 26. April 1905, und damit wurde

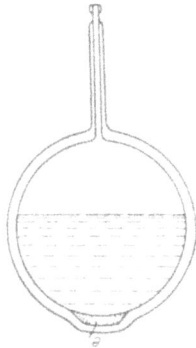
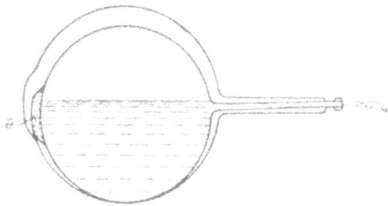

Fig. 26.   Fig. 27.

jede Behinderung in der Anwendung von Absorptionsmitteln für die Flaschen und Gefäße der genannten Firma beseitigt.

Die Flaschen werden in Kugelform ausgeführt; die innere Kugel ist mittels eines langen, dünnen Halsrohres freischwebend in der äußeren Kugel aufgehängt. Der Zwischenraum wird evakuiert, und die in einem besonderen, an der Innenkugel befestigten Kohlenboden befindliche und entsprechend vorbereitete Holzkohle a absorbiert infolge der Abkühlung, welche sie durch das Einfüllen von flüssiger Luft in die Flasche erfährt, alle Luftteilchen, die sich noch in dem evakuierten Raume befinden. Hierdurch wird das bis heute höchst erreichbare Vakuum und damit eine vorzügliche Isolierung erzielt.

Die isolierende Wirkung des Vakuummantels wird noch dadurch erhöht, daß die Außenfläche der Innenkugel und die Innenfläche der Außenkugel hochglanzpoliert werden, womit der gleiche Erfolg wie mit der Verspiegelung bei den Glasflaschen erzielt wird.

Dewar hatte festgestellt[1]), daß 1 ccm Holzkohle, abgekühlt auf — 180° C, imstande ist, 230 ccm Sauerstoff oder 190 ccm Kohlenoxyd oder 155 ccm Stickstoff oder 135 ccm Wasserstoff, alle Volumina bezogen auf 0° C bei 760 mm Druck, zu absorbieren. Diese Absorptionswirkung läßt sich durch eine besondere Behandlung und Auswahl der Kohle noch auf 1:660 steigern[2]). Es ist deshalb nur eine geringe Menge der vorbehandelten Holzkohle nötig, um das Vakuum im Mantelraum der Flasche für eine verhältnismäßig lange Zeit von reichlich einem Jahr und darüber zu erhalten, bevor einmal ein neues Auspumpen derselben mit der Evakuierungsanlage erforderlich wird.

Wollte man flüssige Luft in geschlossenen Stahlflaschen aufbewahren, so hätte man in einer solchen Flasche schon in einiger Zeit nur gasförmige Luft von gewöhnlicher Temperatur, weil es nicht möglich ist, eine Stahlflasche genügend gegen Wärmeeinstrahlung zu schützen. Hinzu kommt noch, daß sich das Volumen vom flüssigen zum gasförmigen Sauerstoff bei — 183° wie 1:784 verhält, d. h. 1 Liter flüssiger Sauerstoff nimmt ca. 800 Liter Raumvolumen in gasförmigem Zustande ein. Aus diesem Grunde müssen die Aufbewahrungsgefäße für flüssigen Sauerstoff offen sein, bezw. muß für einen ungehinderten Abzug der verdampfenden Sauerstoffmengen gesorgt sein.

Der enge Halsquerschnitt der Metallflaschen vermindert ebenfalls sehr vorteilhaft den Zutritt von Wärme zu ihrem Inhalt. Zur schnellen und ungefährdeten Entleerung der Flaschen dient die freischwebende Aufhängung derart, daß sich in geneigter Lage (Abb. 27) die innere Kugel an die äußere anlegt und hierdurch eine Wärmezufuhr von außen stattfindet, welche einen

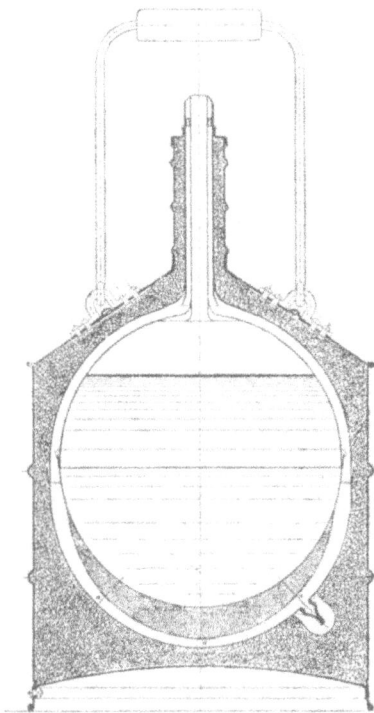

Fig. 28.

---

[1]) Ann. Phys. 1905, S. 187.
[2]) Zeitschrift für Elektrochemie 1912, S. 725.

kleinen Überdruck in der Flasche erzeugt, der den Ausfluß beschleunigt. Als Schutz gegen äußere Beschädigungen werden die Flaschen

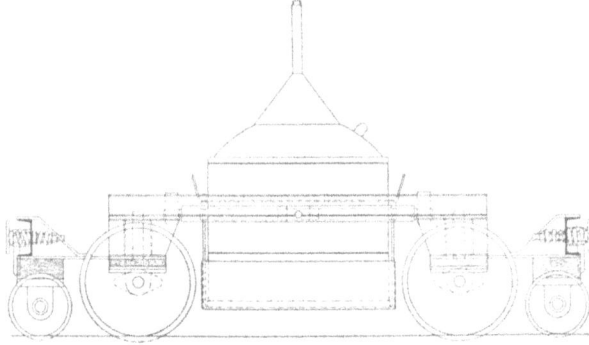

Fig. 29.

mit einem kräftigen verzinkten Schutzgefäß versehen, wie dies in Fig. 28 veranschaulicht ist.

Für die Aufbewahrung und den Transport des flüssigen Sauerstoffes werden die Metallgefäße und Flaschen in nachfolgenden Größen angefertigt:

Inhalt Ltr.		5	8	10	15	20	25	100	150
Verdampf. % pro Stde.		0,6	0,55	0,5	0,4	0,3	0,3	0,2	0,2

Bei Verwendung geeigneter Materialien, wie solche in normalen Zeiten zu erhalten sind, hatte der flüssige Sauerstoff in diesen Flaschen nur die oben in Prozent und Stunde angegebenen geringen Verdampfungsverluste.

Gegenwärtig ist die Erreichung so guter Resultate durch die Notwendigkeit, Ersatzstoffe zu verwenden, behindert. Die Verdampfungsverluste sind aber auch jetzt nicht größer, als sie bei den besten Glasflaschen angegeben werden.

Die Gefäße mit 100 und 150 Liter Inhalt werden als Vorratsbehälter zum Aufspeichern des von der Maschine gelieferten flüssigen Sauerstoffs benutzt. Die Entleerung dieser großen Gefäße

Fig. 30.

kann durch Kippvorrichtungen oder auch mittels Heber geschehen. Fig. 29 zeigt einen Transportwagen, welcher in pendelnder Aufhängung ein 150-Liter-Gefäß trägt, wie sie auf der Gottessegengrube in O.-S. in Benutzung sind. In den weitaus meisten Fällen wird der flüssige Sauerstoff direkt von der Maschine in die kleineren Transportflaschen gefüllt, um so Verluste beim Umfüllen zu vermeiden. Auch für diese Zwecke hat sich die Gottessegengrube Förderwagen gebaut[1]) (Fig. 30), welche 2 Stück 25-Literflaschen in pendelnden Gestellen tragen, die selbst bei Neigungen der Grubenbahn bis zu 25° die Flaschen in senkrechter Lage befördern.

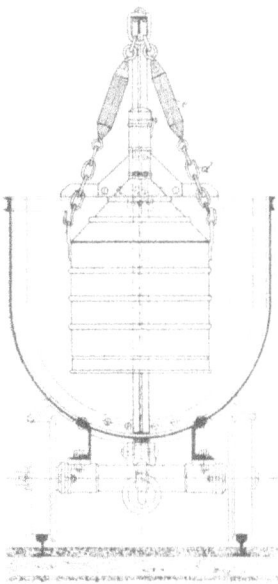 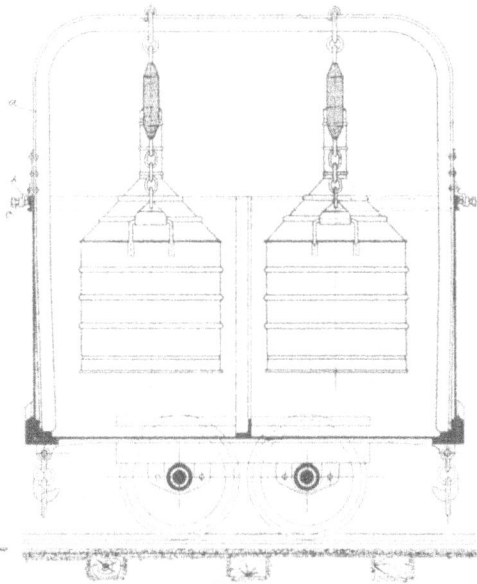

Fig. 31.   Fig. 32.

Die Größe der zu verwendenden Flaschen richtet sich nach den Betriebserfordernissen der einzelnen Gruben. Im Kohlenbergbau hat sich die 5- und 10-Liter-Flasche eingebürgert, im Erzbergbau verwendet man vorwiegend 15-Liter-Flaschen, während im Kalibergbau die 25-Liter-Flasche die geeignetste ist, da dort gleichzeitig viele Bohrlöcher zu besetzen sind. Um den Transport der größeren Flaschen zu erleichtern, empfiehlt es sich eventuell, mit Hilfe einer einfachen Vorrichtung vorhandene Förderwagen zu benutzen. Mit den Fig. Fig. 31 und 32 ist eine solche vorgeschlagen. Ein leichter T-Eisen-

[1]) Bernstein, Glückauf, Berg- und Hüttenmännische Zeitschrift Nr. 51, 1915.

bügel *a* mit angenietetem Führungs-Z-Eisen *b* in solchen Abmessungen, daß er in jeden normalen Förderwagen mit Druckschrauben *c* leicht angeklemmt werden kann, dient zum Aufhängen der 25-Liter-Flaschen. Damit Erschütterungen für die Flaschen vermieden werden, sind in den Tragketten *d* noch Zugfedern *e* angeordnet. Auf diese Weise kann jeder beliebige Förderwagen im Grubenzug zum Flaschentransport benutzt werden, ohne daß der Wagen ausrangiert zu werden braucht.

Die Verluste an flüssigem Sauerstoff in der Zeit der Aufbewahrung und während des Transportes sind durch die Verwendung guter Flaschen geringfügig gegenüber den Verlusten beim Umfüllen in das Tauchgefäß und vor allem durch das Eintauchen der Patronen selbst.

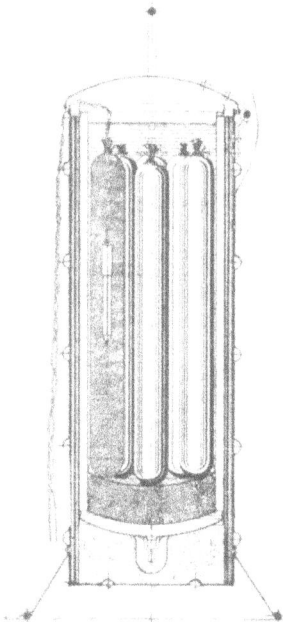

Das Tauchgefäß aus Metall (Fig. 33) ist ähnlich wie die Flasche, aber in zylindrischer Form ausgeführt. Der durch das Zusammenstecken zweier zylindrischer Gefäße entstandene Mantelraum ist ebenfalls evakuiert. Am inneren Gefäß ist der Kohlenboden, gefüllt mit der die restlichen Luftteilchen absorbierenden Holzkohle *a*, angebracht.

Die Außenseite des inneren und die Innenseite des äußeren Gefäßes ist zur Verminderung der Wärmeeinstrahlung hochglanzpoliert. Zum Schutz gegen äußere Beschädigungen erhalten auch die Tauchgefäße ein starkes verzinktes Schutzgehäuse, welches durch einen lose aufliegenden Deckel das Tauchgefäß abschließt. Diese Gefäße aus Metall werden bei 350 bis 400 mm Tiefe mit 70, 100, 125, 150, 200 und 250 mm Durchmesser ausgeführt; es wurden aber auch Tauchgefäße mit 300 mm Durchmesser an Betriebe geliefert, bei denen eine besonders große Anzahl Patronen gleichzeitig fertig zu machen war.

Eine wesentliche Verminderung der Verdampfungsverluste wird dadurch erzielt, daß die Patronen, wie von der Sprengluft-Gesellschaft angegeben, vorgekühlt und nicht etwa in das vollgefüllte Tauchgefäß eingetaucht werden. Das Vorkühlen geschieht in der Weise, daß man die Patronen zuerst in das Tauchgefäß einsetzt (Fig. 33) und dann etwas flüssigen Sauerstoff auf die Patronen gießt,

Fig. 33.

oder noch besser, indem man das Tauchgefäß vor dem Einsetzen der
Patronen nur zu ganz geringer Höhe füllt. Die durch die Wärmezufuhr lebhaft aufsteigenden Sauerstoffdämpfe kühlen die Patronen
vor, so daß beim nachträglichen Vollfüllen der Tauchgefäße die
weitere Verdampfung wesentlich eingeschränkt wird. Beim Eintauchen der Patronen in volle Tauchgefäße ergeben sich — infolge der
großen Wärmezufuhr zum flüssigen Sauerstoff durch die Patronen —
Verluste, die um mehr als 100% größer sind, als wenn die Patronen mit
Vorkühlung getränkt werden.

Es erscheint unrichtig, Tauchgefäße gleichzeitig als Transportgefäße zu benutzen, weil die Patronen, in diesen Gefäßen über Tage
fertig gemacht, während des Transportes in die Grube stundenlang
unterwegs sind und in dieser Zeit große Verdampfungsverluste
infolge der großen Öffnung des Tauchgefäßes entstehen. Außerdem
besteht die Gefahr, daß die Patronen infolge der großen Verdampfung
nur ungenügend getränkt vor Ort ankommen.

In der Herstellung von Gefäßen aus Glas oder Porzellan sind,
wie bereits erwähnt, weitere Fortschritte gemacht worden; von den
Erfahrungen des praktischen Betriebes wird es abhängen, ob sich für
diese Zwecke Glas und Porzellan einbürgern werden. Die Erfahrungen mit den zuerst angebotenen Glasflaschen sind recht wenig
günstig gewesen; auf einzelnen Gruben war der Bruchschaden sehr
groß, so daß die Wirtschaftlichkeit des neuen Sprengverfahrens ge-
fährdet erschien, während sie sich bei Verwendung der Gefäße aus
Metall vorteilhaft gestaltete.

Um der großen Nachfrage nach ihren Gefäßen genügen zu
können, richtete die Maschinen- und Apparate-Fabrik A. R. Ahrendt
& Co. m. b. H., Charlottenburg, einen eigenen Betrieb in Berlin ein
und bemühte sich, weitere Fabrikationsstellen im östlichen und west-
lichen Bergbaubezirk zu erhalten. Für den Osten fabriziert die Reden-
hütte in Hindenburg (O.-S.), und für den Westen wurde die Herstellung solcher Gefäße von der Maschinenbau-Anstalt Humboldt,
Köln-Kalk, übernommen, die bei ihrer bekannten Bedeutung für
den Bedarf des gesamten Bergbaus hierfür die geeignetste Stelle
war. Fig. 34 zeigt einen vom »Humboldt« eingerichteten Evaku-
ierungsraum für Flaschen und Gefäße mit den erforderlichen Grob-,
Mittel- und Fein-Vakuum-Pumpen. Die im Vordergrunde stehenden
Kugelgefäße sind Innenkugeln für 25-Liter-Transportflaschen, die
vor dem Evakuieren noch einem Probedruck von 4 Atm. unter
Wasser unterworfen werden.

Bis heute sind für Sprengzwecke ca. 20000 Metallflaschen und Gefäße in verschiedenen Größen in Gebrauch.

Zum Aufbewahren und für den Transport des flüssigen Sauerstoffs sollten nur die besten und widerstandsfähigsten Flaschen mit den günstigsten, also geringsten Verdampfungsverlusten benutzt werden, während die Tauchgefäße nur als Arbeitsgefäße anzuwenden sind, bei denen die Verdampfungsverluste infolge ihrer kurzen Verwendungszeit nicht eine so große Rolle spielen. Je geringer die

Fig. 34.

Verluste an Sauerstoff und je kleiner der Flaschenverschleiß, desto wirtschaftlicher gestaltet sich das Sprengluftverfahren für den praktischen Betrieb, denn der Hauptfaktor hierfür ist der möglichst sparsame Verbrauch an flüssigem Sauerstoff, und ein solcher wird nur durch Verwendung der sich am besten bewährenden Flaschen und Gefäße gefördert.

V. Maschinen zur Gewinnung von flüssigem Sauerstoff.

In der Einleitung des Abschnittes über Sprengstoffe mit flüssigem Sauerstoff ist schon auf die Erfindung der Luftverflüssigungsmaschine durch Linde hingewiesen. Obwohl es den Arbeiten und Forschungen[1]) von Cailletet, Pictet, Olzewski, v. Wroblewski und Dewar auf dem Gebiete der Verflüssigung der sogenannten permanenten Gase gelungen war, wichtige wissenschaftliche Erfolge zu erzielen und auch Flüssigkeiten aus Sauerstoff, Stickstoff und Kohlenoxyd zu gewinnen, so handelte es sich doch dabei um zu geringe Mengen, deren Verwendung für technische oder industrielle Betriebe nicht in Betracht kommen konnte. Durch seine reichen Erfahrungen auf dem Gebiete der Kälteerzeugung gelang es Linde im Jahre 1895, den ersten Luftverflüssigungsapparat herzustellen, mit welchem es möglich war, größere Mengen flüssiger Luft technisch verhältnismäßig einfach und wirtschaftlich zu gewinnen, so daß deren Verwendung im größeren Maßstabe nichts mehr im Wege stand. Während Solvay, der sich schon 1885 mit dem Problem der Luftverflüssigung beschäftigte, bei Anwendung eines Arbeitszylinders, in welchem die Luft, mechanische Arbeit leistend expandiert, nur auf Temperaturen von nicht unter — 95 ° C gekommen war, legte Linde seinen Arbeiten für die Erreichung der nötigen tiefen Temperatur den Thomson-Joule-Effekt zu Grunde[2]). Beide genannten Forscher hatten schon 1862 gefunden, daß bei Entspannung von Luft ohne mechanische Arbeitsleistung infolge innerer Arbeit für je 1 Atm. eine Abkühlung von ca. $\frac{1}{4}$ ° C erfolgt, wobei Thomson und Joule mit Drucken von 1—6 Atm. und Temperaturen von 0 bis — 100 ° C experimentiert hatten. Linde ging nun von den Erwägungen aus, daß für die Abkühlung bei Abgabe mechanischer (äußerer Arbeit) das Druckverhältnis entscheidend ist, für die Entspannungsabkühlung infolge innerer Arbeit aber die Druckdifferenz in Betracht kommt, und ferner, daß bei abnehmender Anfangstemperatur die Entspannungsabkühlung im Quadrate der absoluten Temperatur umgekehrt proportional wächst, so daß der von Thomson und Joule hierfür gefundene Wert von ca. $\frac{1}{4}$ ° C pro 1 Atm. durch Vorkühlung erheblich vergrößert werden kann.

---

[1]) O. Kausch, Die Herstellung, Verwendung und Aufbewahrung von flüssiger Luft.

[2]) C. von Linde, Techn. der tiefen Temperat. (R. Oldenbourg, München 1913).

Um eine genügende Vorkühlung und damit auch gleichzeitig die zur Verflüssigung der Luft erforderliche tiefe Temperatur — die kritische Temperatur der atmosphärischen Luft beträgt — 141 ⁰ C — zu erzielen, baute Linde das 1857 von Siemens angegebene, aber unvollendete Gegenstromprinzip[1]) aus und arbeitete mit hohen Druckdifferenzen.

Mit der praktisch vollendeten Ausführung des Gegenstromapparates und durch die brauchbare Gestaltung und Verwendung des Thomson-Joule-Effektes wurde Linde der Begründer der Technik der tiefen Temperaturen, und in der Folge entwickelte er dieselbe zu einem wichtigen Industriezweig, welcher von großer Bedeutung für unser gesamtes Wirtschaftsleben wurde. Die meisten Luftverflüssigungsapparate, wie sie auch bei der ersten Anwendung des Sprengstoffes mit flüssigem Sauerstoff (Oxyliquit) zur Ausführung kamen, hatten im wesentlichen die in Fig. 35 gezeigte Bauart. Die Luft wird durch einen zweizylindrigen Kompressor aufgesaugt und auf 20—50 bezw. 200 Atm. komprimiert. Der Gegenstromapparat, bestehend aus drei ineinandergesteckten Rohrspiralen, nimmt die hochkomprimierte Luft im inneren Rohre auf, in welchem sie auf ihrem Wege zum oberen Regulierventil durch die im mittleren Rohr wieder zum Hochdruckzylinder des Kompressors geführte und entspannte Luft vorgekühlt wird. Ein Teil der Luft wird durch die Entspannung flüssig vom Sammelbehälter aufgenommen. Das äußere Rohr des Gegenströmers läßt die bei der Entspannung durch das untere Regulierventil verdampfende Luft ins Freie, wobei dieselbe auch ihrerseits die zum Hochdruckzylinder geführte Luftmenge abkühlt bezw. ihre Erwärmung durch die komprimierte Luft im inneren Rohre vermindert. Der Kreislauf der Luft im Gegenstromapparat zur Erzielung der erforderlichen Kälte wird durch den Hochdruckzylinder besorgt. Der Niederdruckzylinder hat lediglich die dem Apparat entnommene flüssige Luft und die demselben entweichende verdampfte Luft durch Ansaugen von Außenluft zu ersetzen. Die zwischen dem Kompressor und dem Gegenstromapparat eingeschaltete Flasche, welche auch das Druckmanometer trägt, dient als Öl- und Wasserabscheider. In der Rohrspirale, im unteren Teile des Apparates, wird die vom Kompressor kommende Luft noch soweit als möglich vorgekühlt. Die flüssige Luft wird dem Apparat bei dem unter den Regulierventilen befindlichen Hähnchen entnommen.

---

[1]) C. von Linde, Technik der tiefen Temperaturen (R. Oldenbourg, München 1913).

Mit der Verflüssigung der atmosphärischen Luft, welche sich ohne Berücksichtigung der in ihr enthaltenen Edelgase, wie Argon, Xenon, Krypton, Neon und Helium aus 20,8 Raumteilen Sauerstoff und 79,2 Raumteilen Stickstoff zusammensetzt, war nun die Möglichkeit gegeben, in Laboratorien bei Temperaturen bis zu — 200⁰ C zu experimentieren. Die Gesellschaft für Linde's Eismaschinen hat denn

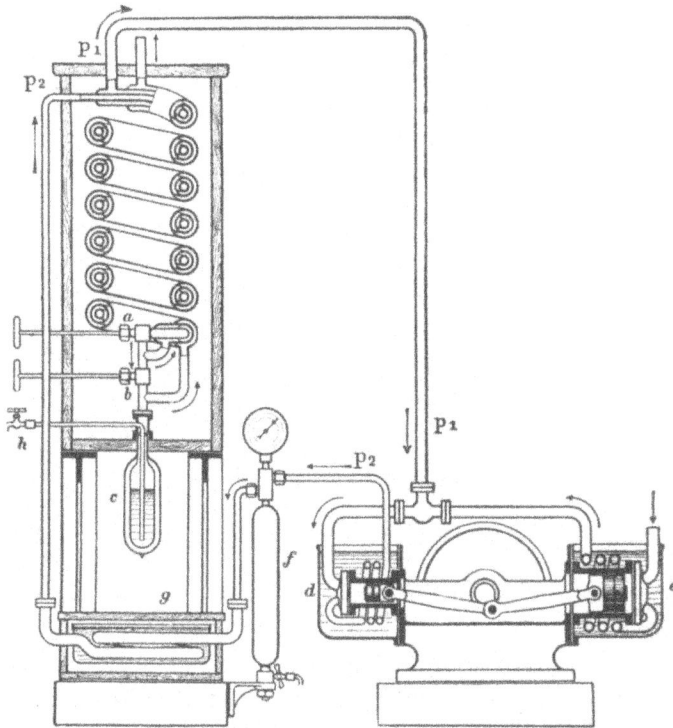

Fig. 35.

auch eine stattliche Anzahl der zur Ausführung gekommenen Luftverflüssigungsmaschinen hauptsächlich für diese Zwecke geliefert.

Für industrielle Verwendung bestand aber in der Hauptsache Nachfrage nach möglichst reinem Sauerstoff, weshalb Linde seine weiteren intensiven Arbeiten und zahlreichen Versuche darauf richtete, durch Trennung der Luft in ihre Bestandteile dieser Nachfrage zu genügen und Maschinen zur Gewinnung von technisch reinem Sauerstoff zu konstruieren.

Im Verlaufe dieser Arbeiten stellte Linde als erster die Gesetzmäßigkeit fest, nach welcher sich die Zusammensetzung der flüssigen

Luft ändert, wenn die Trennung ihrer Bestandteile lediglich durch Verdampfung auf Grund der Tatsache, daß der Siedepunkt des Stickstoffs (— 196 ⁰ C) um 13 ⁰ tiefer liegt, als der des Sauerstoffs (— 183 ⁰ C) erzielt werden soll. Bei der fraktionierten Verdampfung scheidet der flüchtigere Stickstoff in größeren Mengen aus, und es findet in der Flüssigkeit eine Anreicherung von Sauerstoff statt. Wenn aber ein hoher Prozentgehalt an Sauerstoff erzielt werden soll, so erweist sich die Gewinnung desselben auf dem Wege der fraktionierten Verdampfung wirtschaftlich als unmöglich und für die Herstellung von reinem Sauerstoff als unbrauchbar.

Auch bei der Verwendung des flüssigen Sauerstoffs zu Sprengzwecken wird durch das Eintauchen der Patronen in die Flüssigkeit

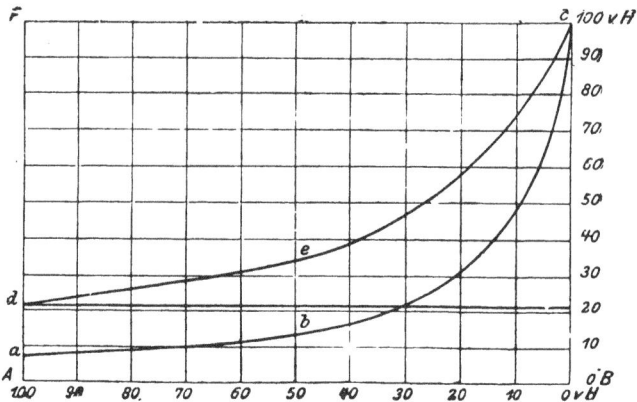

Fig. 36.

eine sehr starke Verdampfung hervorgerufen. Aus diesem Grunde haben die von Linde festgestellten und in Form von Kurven aufgetragenen Werte über die fraktionierte Verdampfung an dieser Stelle noch ein besonderes Interesse, weil vielfach nicht mit reinem Sauerstoff, sondern mit Sprengluft von geringerem Sauerstoffgehalt gearbeitet wird. In Fig. 36 veranschaulicht die Kurve a, b, c die Veränderungen in der Zusammensetzung des noch verbleibenden flüssigen Teiles der Sprengluft. Die Verdampfungsverluste, von der Maschine an bis zur fertig getränkten Patrone in dem Tauchgefäß gerechnet, betragen etwa 50%, und aus der Kurve d, e, c läßt sich entnehmen, daß der Sauerstoffgehalt, wenn z. B. von der Maschine Sprengluft mit 80% Sauerstoff geliefert wird, trotz der großen Verdampfungsverluste von 50% sich doch höchstens nur auf 89% anreichern könnte. In Wirklichkeit ist dies aber nicht der Fall, weil nicht eine ruhige fraktionierte Verdampfung in Betracht kommt, sondern die Flüssigkeit durch das Umgießen in das Tauchgefäß und Eintauchen der Patronen in Wallung versetzt wird, und Versuche haben ergeben, daß man nur mit einer Anreicherung von 4—5%, also höchstens auf 85 % Sauerstoffgehalt, rechnen kann.

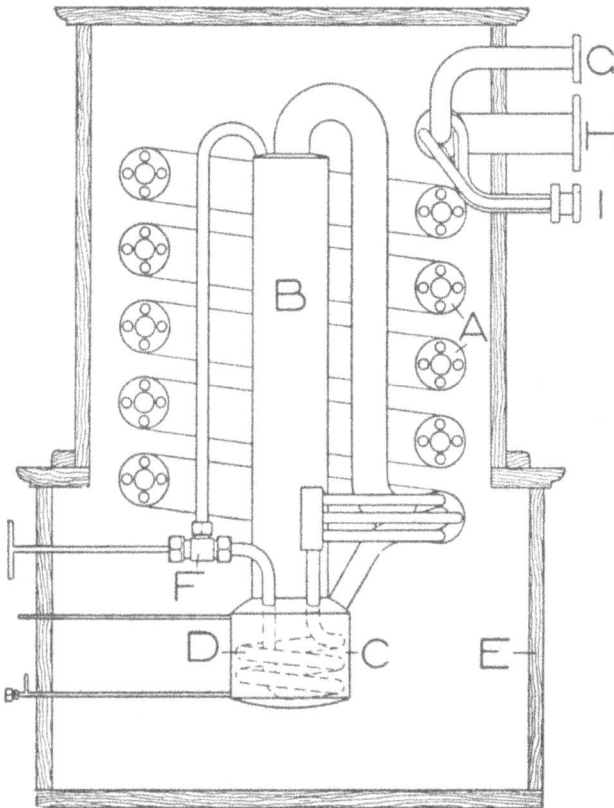

Fig. 37.

Linde's Arbeiten hatten aber schon 1902 durch die Anwendung und Nutzbarmachung des Rektifikationsverfahrens für die Trennung der flüssigen Luft in ihre Bestandteile die Gewinnung von nahezu reinem Sauerstoff wirtschaftlich möglich gemacht. Mit dieser Erfindung, auf welche das bekannte D.R.P. 173620 erteilt worden ist, hat Linde dann auch für die von ihm begründete Technik der

tiefen Temperaturen den bedeutsamsten und entscheidenden Erfolg
für ihre so ausgedehnte Anwendung in der Industrie erzielt.

So einfach es auch erscheinen mag, wenn man sagt, daß die von
der Alkoholgewinnung her bekannte Rektifikation auf die Sauerstoffgewinnung übertragen wurde, so große Schwierigkeiten waren doch
zu überwinden. Es galt, das an sich bekannte Rektifikationsverfahren
den besonderen Verhältnissen und Bedingungen anzupassen, welche
durch die tiefen Temperaturen, mit denen bei der Sauerstoffgewinnung
gearbeitet werden mußte, gegeben waren. Linde selbst hat in seinem
Vortrage über Sauerstoffgewinnung vor der 43. Hauptversammlung
des Vereins Deutscher Ingenieure in Düsseldorf 1902[1]) u. a. auch den
Vorgang bei der Rektifikation eingehender erläutert. Die sinnreich
durchdachte und doch einfache, von Dr. Friedrich Linde angegebene Konstruktion des Sauerstoffapparates ist in Fig. 37 dargestellt.

Die hochkomprimierte Luft tritt durch das Rohr *J* in den Gegenstromapparat *A* ein und wird daselbst nahezu auf die in der Rohrspirale *D* herrschende Verflüssigungstemperatur abgekühlt, um in der
letzteren zu kondensieren. Durch das Regulierventil *F* wird die nun
zum Teil schon flüssige Luft entspannt und zu dem oberen Teile der
Rektifikationssäule *B* geleitet. In dieser rieselt die Flüssigkeit sehr
fein verteilt nach unten. Die aus der im Gefäß *C* angesammelten
Flüssigkeit aufsteigenden Dämpfe werden der herabrieselnden Flüssigkeit entgegengeführt. Wenn die Dämpfe aus nahezu reinem Sauerstoff bestehen, findet der Rektifikationsvorgang dergestalt statt, daß
sich die wärmeren Sauerstoffgase an der kälteren Flüssigkeit nieder-
schlagen und dabei gleichzeitig eine entsprechende Menge Stickstoff
aus der Flüssigkeit verdampft. Dieser Vorgang setzt sich bei ent-
sprechender Höhe der Säule *B* so lange fort, bis zwischen den Dämpfen
und der herabrieselnden flüssigen Luft Gleichgewichtszustand herrscht.
Dies ist der Fall, wenn die aus dem Gegenstromapparat durch Rohr *H*
entweichenden Stickstoffgase einen Gehalt von ungefähr 7% Sauerstoff aufweisen. Es werden dann etwa 74% des in der atmosphärischen Luft enthaltenen Sauerstoffs nutzbar gemacht. Die dem
entweichenden Stickstoff noch innewohnende Kälte wird zur Vorkühlung der eintretenden Hochdruckluft benutzt.

Bis Anfang des Jahres 1917 kam die Gesellschaft für Lindes
Eismaschinen, welche eine Sonderabteilung für Gasverflüssigung in

[1]) Zeitschrift des Vereins Deutscher Ingenieure 1902, S. 1176.

Höllriegelskreuth bei München eingerichtet hat, als Lieferer von Sauerstoffgewinnungs-Anlagen, wenn solche nicht gegen Patente verstoßen sollten, für Deutschland allein in Betracht, weil ihr bis dahin nicht nur Einzelheiten, sondern auch das Grundprinzip der Sauerstoffgewinnung patentrechtlich geschützt war. Eine sehr große Anzahl Sauerstoffgewinnungs-Anlagen, hauptsächlich für gasförmigen Sauerstoff zu industriellen Zwecken, wurde von genannter Firma hergestellt und geliefert und die Ausführung und Anordnung dieser Anlagen und ihrer einzelnen Teile noch weiter verbessert. Mit Fig. 38 ist eine Luftverflüssigungs-Anlage | für größere Leistungen dargestellt, und Fig. 39 zeigt die Außenansicht eines Luftverflüssigungs-Apparates für 20-Liter-Stundenleistung, der gegen Wärmeeinstrahlung durch gute Isolierung und Holzverkleidung geschützt ist. Die Regulierventile, der Flüssigkeitsanzeiger, welcher über die im Sammelgefäß befindliche Flüssigkeitsmenge Aufschluß gibt, und die Manometer sind übersichtlich und zur bequemen Handhabung außen angebracht bezw. von außen zu bedienen.

Als es sich gegen Ende des Jahres 1914 darum handelte, schnell für die im Bergbau bisher gebräuchlichen Sprengstoffe Ersatz durch

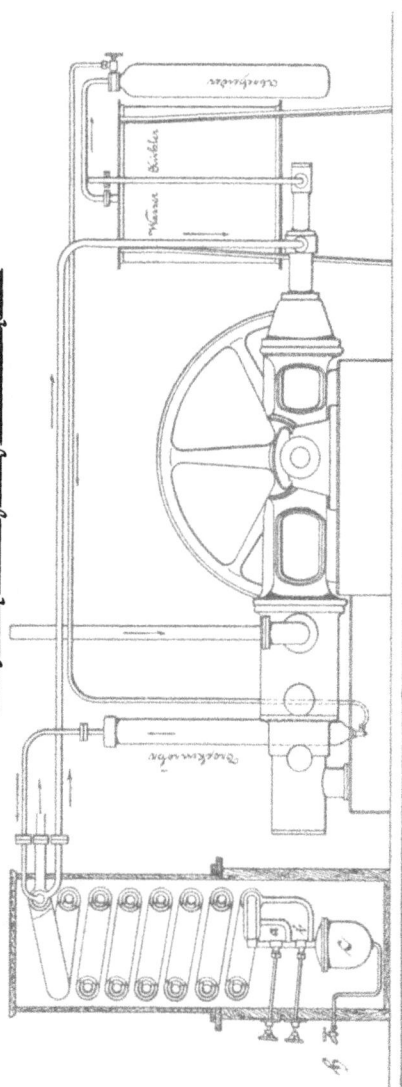

Fig. 38.

den Sprengstoff mit flüssigem Sauerstoff zu schaffen, hat Linde bereitwilligst auch anderen Firmen die Benutzung seines Patentes auf die Rektifikation gegen Lizenzabgabe gestattet und damit der Allgemeinheit auch in diesem Falle einen großen Dienst geleistet.

Trotz ihrer bekanntlich überreichen Beschäftigung für die Stickstoffindustrie hat die Gesellschaft für Lindes Eismaschinen in dieser Zeit aber auch noch selbst einer größeren Anzahl von Bergwerksbetrieben Anlagen zur Gewinnung flüssigen Sauerstoffs für Sprengzwecke geliefert; eine solche Ausführung zeigt uns Fig. 40.

Unter Anlehnung an die Lindeschen Konstruktionsprinzipien baut auch die Deutsche Oxhydric A.G., in welche Firma die frühere Industriegas-Gesellschaft aufgegangen ist, Sauerstoffgewinnungs-Anlagen. Die Ausführung einer Anlage dieser Firma ist auf Tafel I dargestellt. Die Luft, aus welcher der Sauerstoff gewonnen werden soll, wird zunächst gereinigt, von der ihr anhaftenden Kohlensäure befreit, sodann auf den zur Verflüssigung erforderlichen Druck gebracht, getrocknet, gekühlt und schließlich verflüssigt und durch Rektifikation in ihre Bestandteile zerlegt. Diesem Arbeitsvorgang entsprechend, setzt sich die Anlage aus folgenden näher beschriebenen Teilen zusammen:

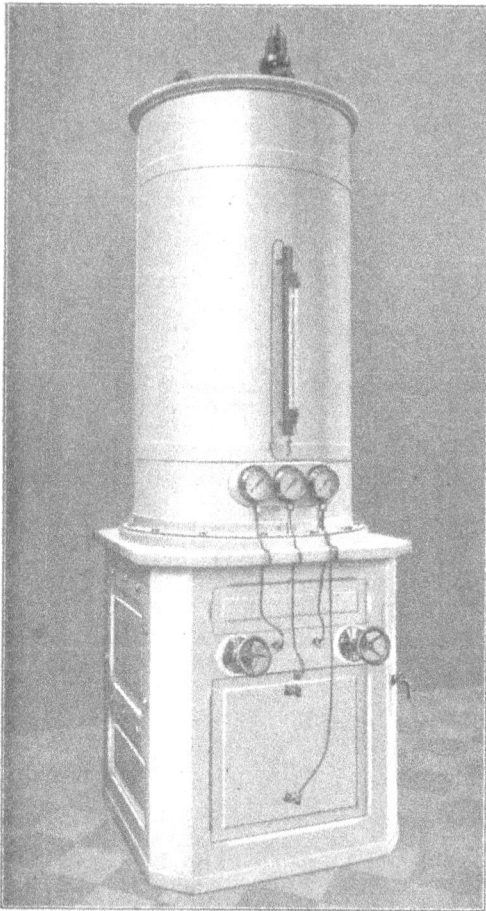

Fig. 39.

Fig. 40.

Der Kohlensäure-Abscheider besteht aus einem schmiede-
eisernen Blechzylinder mit eingebautem Rost, auf welchem Füll-
material, z. B. Hüttenkoks, aufgeschichtet wird. Im unteren Teil
des Apparates, sowie in der daneben gemauerten Sammelgrube
befindet sich Ätzkalilauge, die durch eine kleine Laugenpumpe
auf den oberen Teil des Kohlensäure-Abscheiders gefördert und
so in ständiger Zirkulation innerhalb des Apparates gehalten wird.
Der von oben herunterrieselnden, über die Koksschicht fein ver-
teilten Ätzkalilauge wird die angesaugte Außenluft, welche durch
das über Dach geführte Ansaugrohr unten in den Apparat eintritt,
entgegengeführt. Auf diese Weise wird die zu verarbeitende Luft
gewaschen, von allen Unreinigkeiten befreit und auch gleichzeitig
die in der Luft enthaltene Kohlensäure durch die Ätzkalilauge absorbiert.

Zur Ausscheidung etwa mitgerissener Laugeteilchen ist ein
Laugenabscheider in die Saugleitung zum Kompressor eingebaut. Durch den liegenden, 3- oder 4-stufig arbeitenden Luft-
kompressor wird die so gereinigte und von Kohlensäure befreite
Luft auf 150—200 Atm. komprimiert. Die Kompressionswärme wird
nach jeder Stufe in einem Röhrenkühler durch Kühlwasser abge-
führt, sodaß die nächstfolgende Stufe die Luft wieder nahezu mit
der Anfangstemperatur ansaugt. Der Kompressor ist für jede Druckstufe mit einem Manometer ausgestattet, durch welches die Arbeitsweise der einzelnen Stufe beurteilt werden kann. Bei etwaigen Un-
regelmäßigkeiten in der Arbeitsweise des Kompressors kann der
Druck der einzelnen Stufen zu groß werden, und deshalb ist jede
Stufe noch mit einem Sicherheitsventil versehen, welches bei Über-
schreitung des jeweils zulässigen Höchstdruckes in Tätigkeit tritt.
Nach der letzten Druckstufe durchströmt die nun hochgespannte
Luft die erste Abscheideflasche und wird hier von mitgerissenen
Öl- und Wasserteilchen befreit.

Mit einer Temperatur von ca. + 20° C gelangt die Luft jetzt
in den Wärmeaustauscher, der in diesem Falle als Doppelrohrapparat ausgeführt ist. Die bei richtiger Vorkühlung der Luft
vom Verflüssigungsapparat mit — 15 bis — 20° C abziehenden kalten
Stickstoffgase werden benutzt, um im Wärmeaustausch mit der kom-
primierten Luft diese auf etwa + 6° bis + 8° C abzukühlen. Die
ins Freie abziehenden Stickstoffgase durchströmen den äußeren Rohrmantel, während die hochgespannte Luft durch das innere Rohr
des Austauschers zur zweiten Abscheideflasche gelangt. Durch

die Abkühlung der hochgespannten Luft wird eine weitere Konden-
sation der in ihr noch enthaltenen Wasserdämpfe bewirkt und durch
diese Vorkühlung eine Ersparnis an Chemikalien in den später noch
zu beschreibenden Trockenflaschen erzielt. Von der zweiten Abscheideflasche, welche die ausgeschiedene Feuchtigkeit zurückhält,
gelangt die hochgespannte Luft in einen aus Rippenrohren gebil-
deten Luftvorwärmer, wo sie auf ca. + 15 ⁰ C angewärmt wird, um
von hier nach der Luftnachtrocknung, auch Trockenbatterie
genannt, zu gelangen. Dieser Apparat besteht aus mehreren hinter-
einandergeschalteten Stahlflaschen mit Deckelverschluß, die in
einem Eisengerüst zu einer Batterie vereinigt sind. Jede Flasche ist
mit einem Einsatz zur Aufnahme der Chemikalien, die zur Trocknung
der Luft dienen, ausgerüstet. Der Einsatz der ersten Flasche, welche
die Luft passiert, wird mit Chlorkalzium, die übrigen werden mit
Ätzkali gefüllt. Durch die hygroskopische Eigenschaft der verwendeten Chemikalien wird die in der hochgespannten Luft noch befindliche Feuchtigkeit restlos absorbiert, gleichzeitig werden die letzten
Spuren von Kohlensäure ausgeschieden. Über den Chemikalien befindet sich in den Trockenflaschen ein Wattefilter, welches verhindert,
daß Ätzkalistückchen mitgerissen werden. Am unteren Ende sind
die Flaschen mit geeigneten Abblasevorrichtungen versehen, die einen
Rohranschluß an die Ausblaseleitung erhalten.

Die nunmehr gereinigte und getrocknete Luft, die aus dem Luftvorwärmer noch eine Temperatur von ca. + 15 ⁰ C mitbringt, wird
jetzt nach Durchströmen der Umschaltvorrichtung einer Luftvorkühleinrichtung zugeführt. Diese Luftvorkühleinrichtung besteht aus einer Kühlmaschine, die nach dem Ammoniakkom-
pressionssystem arbeitet und die Kühlung durch Verdampfen von
flüssigem Ammoniak im äußeren Rohrmantel des Doppelrohrluft-
kühlers bewirkt. Die Ammoniakdämpfe werden durch den stehenden
Kompressor der Kühlmaschine am oberen Ende des Luftkühlers
abgesaugt und in einen zur Kühlmaschine gehörenden Doppelrohr-
kondensator gedrückt, wo sie wieder verflüssigt werden, um in stän-
digem Kreislauf innerhalb der Kühlmaschine zur Vorkühlung der
hochgespannten Luft benutzt zu werden. Nachdem die hochgespannte, nunmehr auf — 20 ⁰ C vorgekühlte Luft fertig vorbehandelt
ist, tritt sie in den Luftverflüssigungsapparat ein. Dieser besteht im wesentlichen aus einem Gegenstromapparat, in welchem die
noch hochgespannte Luft durch abziehende Stickstoffgase auf etwa
— 140 ⁰ C weiter gekühlt wird. Zur Erzielung großer Kühlflächen

und einer guten Kälteübertragung wird die Luft auf mehrere Rohr-
schlangen verteilt, die ihrerseits in einem Rohr mit größerem
Durchmesser eingebettet liegen. Am oberen und unteren Ende
mündet das innere Rohrbündel des Gegenströmers in Sammelstücke.
Am oberen Sammelstück schließt die Hochdruckleitung und am
unteren eine Rohrspirale an, die in dem Sammelgefäß des Luftverflüssigungsapparates einmontiert ist. Die infolge des hohen Luft-
druckes und der tiefen Temperatur schon teilweise im Gegenströmer verflüssigte Luft wird im Sammelgefäß durch die hier bereits
aufgespeicherte Flüssigkeit noch weiter unterkühlt und gelangt
hierauf zu dem Entspannungsventil, mit welchem die vorgekühlte,
teilweise verflüssigte Luft von 150—200 Atm. plötzlich auf 0,3 bis
0,6 Atm. entspannt wird und nun als Flüssigkeit in den inneren
zylindrischen Behälter des Apparates eintritt. Diese Druckent-
spannung, mit welcher die für die Verflüssigung der atmosphärischen
Luft erforderliche Kälte erzeugt wird, hat die große Temperatur-
abnahme zur Folge, bei welcher die Luft flüssig wird. Die nun in
dem inneren hohen zylindrischen Behälter befindliche flüssige Luft
wird durch Steigröhren auf den oberen Teller der Rektifikationskolonne gehoben, um beim Apparat Sürth von Teller zu Teller und
beim Apparat Indus durch Röhren nach unten zu rieseln. Auf
ihrem Wege durch die Kolonne macht die flüssige Luft den Rektifikationsvorgang durch, wie er auf Seite 64 beschrieben ist, und
sammelt sich schließlich als nahezu reiner flüssiger Sauerstoff in dem
unteren Sammelgefäß des Luftverflüssigungsapparates, woraus er für
den Gebrauch in der Grube in die Transportflaschen abgefüllt wird.

Der aus dem Luftverflüssigungsapparat durch die äußeren Rohr-
schlangen des Gegenströmers abziehende Stickstoff wird mit einer
Temperatur von — 15 bis— 20 ⁰ C, wie bereits erwähnt, nach dem
Austauscher der Luftvortrocknung geführt, um von da wieder in
die Atmosphäre auszutreten.

Wenn auch die zu verflüssigende Luft durch die näher beschrie-
bene Vorbehandlung, soweit als irgend möglich, von Kohlensäure
und Feuchtigkeit befreit wird, läßt es sich doch nicht ganz vermeiden,
daß noch ganz geringe Spuren von Feuchtigkeit und auch von Kohlensäure in den Luftverflüssigungsapparat gelangen. Dieses ist um so
eher der Fall, je weniger achtsam die Trockenbatterie behandelt
wird. Solche Feuchtigkeitsteilchen und die Kohlensäure gefrieren
in dem Luftverflüssigungsapparat, verschlechtern mit der Zeit seine
Wirkungsweise und verstopfen das Entspannungsventil, was sich

durch Schwanken im Entspannungsdruck bemerkbar macht. Um den Verflüssigungsapparat von diesen Unreinigkeiten zu befreien, ist er von Zeit zu Zeit mit Hilfe der Auftauvorrichtung aufzutauen. Die Auftauvorrichtung besteht aus einem heizbaren Doppelrohrsystem, in welchem die zum Auftauen benutzte Luft auf +60 bis +70° C angewärmt und mit dieser Temperatur und mit einem Druck von etwa 1 Atm. bei I und II durch den Luftverflüssigungsapparat hindurchgeblasen wird. Je nach der Verunreinigung des Apparates ist für das Auftauen eine Zeit von 1½—2 Stunden erforderlich. Der ganze Auftauvorgang einschließlich der Zeit für das Wiederanfahren erfordert 3 — 4 Stunden. Diese Auftauluft wird ebenfalls von dem Hochdruckkompressor geliefert, der während der Auftauperiode nur auf einen Druck von etwa 5—7 Atm. vor der Trokkenbatterie arbeiten darf, was durch Drosseln des Schiebers in der Saugleitung erreicht wird. Beim Durchströmen der Trockenbatterie tritt der Druckabfall auf 1 Atm., mit welcher die Auftauluft nur in den Luftverflüssigungsapparat eintreten darf, von selbst ein. Die Umschaltvorrichtung ist natürlich so zu stellen, daß die Auftauluft von der Trockenbatterie direkt nach der Auftauvorrichtung und nicht nach dem Luftkühler geleitet wird. Die bei I in den Gegenströmer des Luftverflüssigungsapparates eintretende Auftauluft durchströmt diesen, sodann die Rektifikationskolonne und gelangt schließlich durch das Auftaurohr, die Röhrchen des Flüssigkeitsanzeigers, das Manometerrohr und das Flüssigkeitsabzapfrohr in das Freie. Die bei II eintretende Auftauluft dient zum Auftauen der Isolierung. Im Anschluß an an das Auftauen hat ein Ausblasen der im Rohrsystem angesammelten Feuchtigkeit zu erfolgen. Dies wird mit einem Luftdruck von 50—70 Atm. vorgenommen und solange fortgesetzt, bis die austretende Luft vollkommen trocken ist. Bei Aufstellung eines zweiten Verflüssigungsapparates (Reserveapparat) vermindert sich die durch das Auftauen hervorgerufene Unterbrechung in der Sauerstofferzeugung sehr erheblich. Es ist dann nur erforderlich, den zweiten Apparat anzufahren, wozu eine Frist von 1—1½ Stunden genügt. Zum Auftauen des ersten Apparates werden in diesem Falle die abziehenden Stickstoffgase des in Betrieb befindlichen Apparates benutzt, nachdem diese, ebenso wie sonst die Auftauluft, in der Auftauvorrichtung vorgewärmt worden sind. Einen besonderen Vorteil bietet hierbei die absolute Trockenheit der Stickstoffgase.

Nicht alle Gewinnungsanlagen für flüssigen Sauerstoff werden mit der Luftvorkühleinrichtung durch eine Kühlmaschine ausgestattet.

Diese wird vielfach dort fortgelassen, wo eine billige Kraftquelle
für den Antrieb der Anlage zur Verfügung steht. In diesem Falle
wird die Luft direkt von der Trockenbatterie bezw. Luftnachtrocknung
dem Luftverflüssigungsapparat zugeführt. Der aus dem Apparat
abziehende Stickstoff verläßt denselben sodann mit $+12$ bis $+15^0$ C
und wird direkt ins Freie geführt, so daß auch der Austauscher für
die Luftvortrocknung in Wegfall kommt.

Auch die Firma Messer & Co., Frankfurt a. M., baut Sauerstoff-
Gewinnungsanlagen unter Anlehnung an die Lindeschen Konstruk-
tionsprinzipien; in Tafel II ist die schematische Darstellung einer
Anlage dieser Firma gezeigt.

Die zu verflüssigende Luft wird auch hier in dem Kohlensäure-
abscheider A von Kohlensäure befreit und vorgereinigt, durch den
Hochdruckkompressor B auf den erforderlichen Druck gebracht und
in den Abscheide-, Reinigungs- und Trockenflaschen C, wie bereits
beschrieben, von den letzten noch anhaftenden Unreinigkeiten befreit. Zur Zurückhaltung der von der Luft im Kohlensäureabscheider mitgerissenen Laugeteilchen ist eine Laugenabscheide-
vorrichtung sehr zweckmäßig im oberen Teil des Kohlensäureab-
scheiders selbst eingebaut (auf Tafel II mit 6 bezeichnet).

Von der vorbeschriebenen Anlage unterscheidet sich die Messer-
sche Anordnung im wesentlichen durch die abweichende Vorkühlung
der Luft (D.R.P. a.). Die hochgespannte und gereinigte Luft strömt
von der letzten Trockenflasche durch Rohrleitung 20 mit einem
Druck von 200 Atm. in das Kühlrohrsystem 22 des Luftvorkühlers
D, dessen innerer Behälter 21 mit einem Schutzmantel 24 und Isolierung versehen ist. Die hochgespannte Luft mit Kühlwassertemperatur durchströmt das zur Erreichung einer großen Kühlfläche
und guten Kühlwirkung aus mehreren engen Rohren bestehende
Kühlrohrsystem von oben nach unten und wird, auf 0^0 bis 2^0 C
abgekühlt, durch Rohr 25 dem Verflüssiger zugeführt. Diese Vorkühlung wird mit einfachsten Mitteln erreicht, indem die absolute
Trockenheit der aus dem Verflüssiger entweichenden Stickstoffgase
nutzbar gemacht wird. Der vom Verflüssiger durch Rohr 26 abziehende Stickstoff wird mittels eines Brauserohres 23 fein verteilt
in ein Wasserbad im unteren Teile des Vorkühlers D geleitet. Beim
Durchströmen des Wassers nimmt der Stickstoff Feuchtigkeit auf,
wobei Wasser verdampft und dadurch eine Kältewirkung erzielt
wird, die den Stickstoff auf etwa -4^0 C abkühlt. Mit dieser Temperatur umspült der Stickstoff die Rohre des Kühlrohrsystems 22

und gelangt, nahezu auf die Anfangstemperatur der hochgespannten Luft erwärmt, ins Freie.

Die durch den Stickstoff auf 0^0 bis -2^0 C vorgekühlte und hochgespannte Luft wird im Verflüssigungs- und Trennungsapparate E in ähnlicher Weise, wie schon beschrieben, weiterbehandelt. Im Gegenströmer 28 wird die Luft durch die im Apparat aufsteigenden Stickstoffgase weiter abgekühlt. In der Rohrschlange 29, im Sammelbehälter für flüssigen Sauerstoff eingebaut, wird die hochgespannte Luft auf Verflüssigungstemperatur gekühlt und durch Rohr 32 dem Entspannungsventil 33 zugeführt. Durch die Entspannung von 200 Atm. auf 0,3 Atm. wird die zur Verflüssigung erforderliche Kältewirkung erzielt, und die flüssige Luft tritt auf den oberen Teller der Trennungssäule 35 aus, um den schon geschilderten Rektifikationsvorgang durchzumachen. Die Trennungssäule wird aus übereinander angeordneten, siebartig mit kleinen Löchern versehenen Tellern gebildet, die außerdem größere Durchgangsöffnungen abwechselnd in der Mitte und an der Seite haben. Das Entspannungsventil ist mit einer Glocke 34 umgeben, welche als Kondensator bezeichnet wird, weil in ihr die dem Entspannungsventil entströmenden, noch nicht verflüssigten Luftteile und auch Sauerstoff, welcher aus den in der Trennungssäule aufsteigenden Stickstoffgasen noch gewonnen werden kann, kondensieren sollen. Die abziehenden Stickstoffgase entweichen durch den verhältnismäßig kleinen Zwischenraum zwischen dem Kondensator nnd dem oberen Teller der Trennungssäule und werden in dem ringförmigen Raum zwischen Kondensator und Mantel 30 zum Gegenströmer geführt. Mit 36 ist der Flüssigkeitsanzeiger bezeichnet, der durch die Rohre 37 und 38 mit dem Sammelbehälter für flüssigen Sauerstoff 31 verbunden ist. Mit dem Abzapfventil 39, welchem durch Rohr 40 der flüssige Sauerstoff zugeführt wird, ist dieser in Transportgefäß 41 abzufüllen. Der Probierhahn 42 ermöglicht zur Bestimmung des Sauerstoffgehaltes die Entnahme des Gemisches der erzeugten Flüssigkeit in Gasform. Zu diesem Zweck ist Rohr 40 mit einem Abzweig versehen, der um den oberen, wärmeren Teil des Apparates gewickelt ist und so durch die Erwärmung den flüssigen Sauerstoff für Zwecke der Analyse wieder zu Gas umwandelt. Um den Sauerstoffgehalt der flüssigen Luft vor der Rektifikation bestimmen zu können, ist durch Rohr 43 und Ventil 44 zu Versuchszwecken eine kleine Menge flüssige Luft vom oberen Teller der Trennungssäule zu entnehmen. Das Rohr 45 und die Ventile

46 und *47* dienen beim Auftauen des Apparates zur Entfernung der in ihm befindlichen Flüssigkeit. Zur Beobachtung des Arbeitsdruckes im Gegenströmer und des Entspannungsdruckes im Apparat selbst sind Manometer angebracht. Das Sicherheitsventil *48* verhindert eine Drucksteigerung über etwa 0,3 Atm. Um den Arbeitsvorgang im Apparat noch weiter beobachten zu können, ist in der Stickstoffableitung ein Thermometer *49* angebracht. Zur Vermeidung von Kälteverlusten ist der Verflüssigungs- und Trennungsapparat mit guter Isolierung und dem Schutzmantel *50* versehen. Wie Versuche an den Anlagen der Firma Messer & Co. ergaben, wird in diesen, wie auch bei den vorbeschriebenen Anlagen flüssiger Sauerstoff mit 98—99% gewonnen. Einzelheiten ihres Verflüssigers und Trennungsapparates hat die Firma zum D.R.P. angemeldet.

Eine Anzahl Gruben haben für die Gewinnung des benötigten flüssigen Sauerstoffs solche Gewinnungsanlagen von der Firma A. R. Ahrendt & Co. in Berlin errichten lassen. Diese Anlagen verwenden zur Erzeugung der für die Luftverflüssigung erforderlichen tiefen Temperatur nicht den Thomson-Joule-Effekt, wie dies bei den vorbeschriebenen Anlagen geschieht, sondern sie erzielen die tiefe Temperatur durch Einschaltung einer Expansionsmaschine, in deren Zylinder ein Teil der zu verflüssigenden Luft expandiert. Der Gedanke, für die Entspannung der hochkomprimierten Luft einen Arbeitszylinder zur Gewinnung äußerer Arbeit zu verwenden und die dadurch erzielbare Kälteleistung für die Luftverflüssigung auszunützen, ist nicht neu. Schon William Siemens und später Solvay haben diese Arbeitsweise anzuwenden versucht, ohne aber ein für die Praxis brauchbares Ergebnis zu erzielen. Claude hat später ebenfalls einen Expansionzylinder angewendet, nachdem die bei seinem Verfahren auftretende Schwierigkeit, ein brauchbares Schmiermaterial zu finden, durch Verwendung von Petroläther behoben war. Heylandt, nach dessen Angaben die Maschinen der Firma A. R. Ahrendt & Co. gebaut werden, führt die Luft mit etwa Kühlwassertemperatur zum Expansionszylinder und verwendet gewöhnliche Schmiermittel. Auf dieses Heylandtsche Verfahren wurde das D.R.P. Nr. 270383 erteilt; eine Anzahl Anlagen arbeiten mit dieser Maschine und erzielten, soweit es sich um Erzeugung von Sprengluft mit etwa 80 bis 85% Sauerstoff handelt, günstige Betriebsresultate. Auf Tafel III ist eine Schemazeichnung einer solchen Sauerstoffgewinnungsanlage dargestellt. Die zu verflüssigende Luft wird auch hier wieder durch den Kohlensäureabscheider *A*, mit dem Hochdruckkompressor *B*, der Ölabscheide-

flasche C und einer Trockenbatterie D vorbehandelt und auf einen
Druck von 200—220 Atm. gebracht. Von der Trockenbatterie wird
die hochgespannte Luft durch die Hochdruckleitung dem Verflüssigungsapparat E und zum Teil auch der Expansionsmaschine F zugeführt. Mit Hilfe der Verteilungsventile a und b werden 50—60%
der hochgespannten Luft zur Expansionsmaschine und der Rest in
das Rohrsystem des Verflüssigers geleitet. Die der Expansionsmaschine mit 200—220 Atm. zugeführte Hochdruckluft expandiert
hier auf etwa 0,3 Atm. und verläßt den Expansionszylinder mit
—130 bis —140° C, also nahezu auf die kritische Temperatur abgekühlt. In dem an der Expansionsmaschine angebauten Ölfilter h
wird die Expansionsluft von Öl befreit, dann in den Verflüssigungsapparat, und zwar zunächst in eine im mittleren Teil des Verflüssigers
eingelagerte zylindrische Rohrspirale eingeblasen und bis in ein in
der Flüssigkeit des unteren Sammelgefäßes liegendes Rohrsystem
geführt. In dieser Rohrspirale erfährt die schon tiefabgekühlte Luft
eine weitere Unterkühlung durch die aufsteigenden Stickstoffgase
und tritt dann unterhalb der zwischen gelochten Böden eingebauten
Linde'schen Rektifikationskolonne frei in den Apparat ein; sie nimmt
so direkt an dem Rektifikationsvorgang im Gegenstrom zu der
herunterrieselnden verflüssigten Luft teil. Der zu dem Verflüssiger
abgeleitete Teil der auf 200—220 Atm. gespannten Luft gelangt daselbst zunächst in ein Rohrsystem, welches als kegelförmige Spirale
ausgebildet ist und einen Gegenstromwärmeaustauscher darstellt,
weil die Luft oben in das Rohrsystem eintritt und auf ihrem Wege
nach unten durch die aus dem Apparat abziehenden Stickstoffgase
gekühlt wird. Die entsprechend vorgekühlte und zum Teil bereits verflüssigte Luft gelangt dann in die schlangenförmig gezeichnete Rohrspirale, welche im unteren Sammelgefäß des Verflüssigers eingebaut ist,
und wird hier durch die darin befindliche Flüssigkeit weiter unterkühlt,
indem sie gleichzeitig einen Teil der angesammelten Flüssigkeit verdampft. Durch ein aufsteigendes Rohr wird die nun stark unterkühlte,
aber noch hochgespannte Luft zu dem Entspannungsventil c geleitet
und ergießt sich als auf 0,3 Atm. entspannte flüssige Luft auf den
oberen Teil der Rektifikationskolonne. Aus dem unteren Sammelbehälter des Verflüssigungsapparates wird die auf einen Sauerstoffgehalt von 80—85% angereicherte Sprengluft in die Transportflasche
abgezapft. Der aus dem Apparat entweichende Stickstoff verläßt
denselben bei gutwirkenden Maschinen mit einer Temperatur von
etwa +10 bis +12° C und wird in einen als Doppelrohrapparat ge

Fig. 41.

bauten Vorkühler n geleitet, um hier die im inneren Rohr zur Expansionsmaschine geführte Hochdruckluft auf seine Temperatur
vorzukühlen. Von diesem Vorkühlapparat gelangt der Stickstoff
wieder in die Atmosphäre. Eine größere Anzahl der nach diesem
System arbeitenden Luftverflüssigungsanlagen gelangte unter Verwendung von Hochdruckkompressoren der Maschinenbauanstalt
Humboldt zur Ausführung. In Figur 41 und 42 ist die Anlage
der Braunsteinwerke Dr. Geyer, Waldalgesheim bei Bingerbrück,
dargestellt. Ein Leistungsversuch einer derartigen Anlage, welche
Sprengluft mit 79,6% Sauerstoffgehalt herstellt, ist von Dipl. Jng.
Bernstein veröffentlicht[1]). Die Expansionsmaschine überträgt als
Luftmotor die von ihr geleistete Arbeit nach Tafel III direkt auf die
Welle des Hochdruckkompressors, und bei der in den Fig. 41 u. 42
gezeigten Anlage auf ein Transmissionsvorgelege, welches für den
Antrieb des Hochdruckkompressors durch einen Elektromotor an-
getrieben wird.

Für das Sprengen mit flüssigem Sauerstoff sind die für die Gewinnung desselben aufzuwendenden Herstellungskosten von beson-

---

[1]) Bernstein, Die Anlage zur Erzeugung flüssiger Luft für Sprengzwecke
auf der Gottessegengrube in Antonienhütte O.S., Glückauf, Nr. 51, 1915.

derem Interesse. Nachfolgende Wirtschaftlichkeitsberechnung gibt hierüber Aufschluß. Da in der Mehrzahl Anlagen für Gewinnung von 95—98%igem Sauerstoff nach den Lindeschen Konstruktionsprinzipien zur Aufstellung gekommen sind, ist als Beispiel für die Wirtschaftlichkeitsberechnung eine Anlage nach diesem System gewählt, welche stündlich 50 Liter Sauerstoff in der angegebenen Reinheit erzeugt. Als Antrieb der Anlage ist elektrische Kraft gedacht und mit einem Strompreis von 3 und auch 5 Pf. pro kW und Stunde gerechnet.

Als Betriebszeit seien 300 Arbeitstage mit täglich 22 Betriebsstunden zu Grunde gelegt.

Der Kraftverbrauch einer Anlage mit 50 Liter Stundenleistung mit Vorkühlung durch Kältemaschine beträgt 2,6 PS für 1 Liter Flüssigkeit oder insgesamt 130 PS an der Welle des Kompressors gemessen. Für Gleitverluste durch Riemenübertragung können ca. 4% eingesetzt werden, so daß der Gesamtkraftverbrauch 135 PS an der Motorwelle beträgt. Bei einem Wirkungsgrad des Motors von 90% ergibt sich hieraus der Stromverbrauch mit $\dfrac{135 \cdot 736}{1000 \cdot 0,90} = 110,4$ kW pro Betriebsstunde.

Der Chemikalienverbrauch, Chlorkalzium und Ätzkali, beträgt pro Liter Sauerstoff etwa 15 g, woraus sich bei 27 Betriebs-

Fig. 40.

tagen ein Monatsverbrauch von rund 450 kg ergibt, zum Preise von M. 1,10 pro kg.

Der Kühlwasserbedarf für den Kompressor beträgt stündlich etwa 8 cbm und ist bei eigener Wasserversorgung mit M. 0,03 pro cbm einzusetzen.

Für die Bedienung der Anlage genügt ein Maschinist mit einem jugendlichen Helfer.

Für die Sauerstofferzeugung, welche den Ausgaben gegenübersteht, ist zu berücksichtigen, daß jährlich etwa 50 Betriebsstunden als Anfahrzeit nach jeweiligem Auftauen des Verflüssigungsapparates bei vollem Kraftverbrauch ohne Ausbeute bleiben; es ergibt sich somit die jährliche Sauerstoffgewinnung zu $300 \cdot 22 = 6600 - 50 = 6550 \cdot 50 = 327500$ Liter.

Nach den vorstehenden Grundlagen ergeben sich die Herstellungskosten für 1 Liter flüssigen Sauerstoff wie folgt:

I. Anlagekosten:

1. Vollständige Gewinnungsanlage, frachtfrei Grube und fertig aufgestellt . . . . ca. M. 73 000,—
2. Antriebs-Elektromotor 150 PS . . . . . . «   » 10 000,—
3. Fundamente . . . . «   » 5 000,—
4. Wasserleitungen, Kanäle und Geländer . . «   » 1 200,—
5. Treibriemen . . . . «   » 2 000,—
6. Für unvorhergesehene Ausgaben . . . . . «   » 800,—

M. 92 000,—

II. Verzinsung und Abschreibung:

1. Verzinsung 5% von M. 92 000 . . . . M. 4600,—
2. Abschreibung 10% von M. 92 000 . . . . . » 9200,—

M. 13 800,—

III. Laufende Betriebskosten pro Jahr:

1. Stromverbrauch: $6600 \cdot 110,4 = 728640$ kW pro Jahr.

Kosten bei

3 Pf. pro kW	5 Pf. pro kW
$728640 \cdot 0,03 = $ M. 21 859,20	$728640 \cdot 0,05 = $ M. 36 432,—

2. Kühlwasserverbrauch:

$6600 \cdot 8 \cdot 0,03 =$ . . . . M. 1584,—

3. Chemikalienverbrauch:

$450 \cdot 12 \cdot 1,10 =$ . . . . » 5940,—

4. Schmier- und Putzmaterial:

Mittelwert nach Betriebsresultaten M. 3700,—

5. Bedienungskosten:

$6600 \cdot (0,75 + 0,25) =$ . . . . . » 6600,—

6. Ersatzteile und Instandsetzung und

zur Abrundung . . . . » 1176,— M. 19000,—

Summe der laufenden Betriebskosten:

bei 3 Pf. Strompreis	bei 5 Pf. Strompreis
M. 21859,20	M. 36432,—
» 19000,—	» 19000,—
M. 40859,20	M. 55432,—

Die Gesamtunkosten betragen:

bei 3 Pf. Strompreis		bei 5 Pf. Strompreis
M. 40859,20	laufende Ausgaben	M. 55432,—
» 13800,—	Verzinsung und Abschreibung	» 13800,—
M. 54659,20		**M. 69232,—**

Denselben steht gegenüber die Gewinnung von 327500 Liter flüssigem Sauerstoff, so daß sich die Kosten hierfür ergeben:

bei 3 Pf. Strompreis	bei 5 Pf. Strompreis
für 1 Liter Sauerstoff	
5465920 : 327500 = **16,7** Pf.	6923200 : 327500 = **21,1** Pf.

Das Gewicht der gewonnenen Sprengluft hängt von ihrem Sauerstoffgehalt ab und ermittelt sich für 1 Liter zu $0,86 + 0,00289\, x$, wobei für x der Sauerstoffgehalt der Sprengluft in Prozenten einzusetzen ist. Bei einem Sauerstoffgehalt von 95% ergibt sich das Gewicht pro Liter mit 1,13 kg; demnach betragen die auf das Gewicht bezogenen Herstellungskosten für 1 kg flüssigen Sauerstoff **14,8** Pf. bezw. **18,7** Pf.

Bei den Kosten für Chemikalien, Schmier- und Putzmaterial, sowie bei den Bedienungskosten sind Mittelwerte zwischen den Einstandspreisen 1917 und den Friedenspreisen 1913 eingesetzt.

Mithin werden die tatsächlichen Kosten für 1 kg flüssigen Sauerstoff für 1917 um ein geringes höher sein, sie werden sich aber bei Rückkehr normaler Verhältnisse bedeutend günstiger stellen, weil dann auch voraussichtlich wieder mit niedrigeren Anschaffungskosten zu rechnen sein wird.

VI. Anwendung des neuen Sprengverfahrens.

a) Verbreitung.

Es ist bereits darauf hingewiesen, daß die Einführung des Sprengverfahrens mit flüssigem Sauerstoff außerordentlich günstig beeinflußt wurde durch die gesteigerte Anforderung der bisherigen Sprengstoffe für die Zwecke der Heeresverwaltung und die hierdurch bedingte Notwendigkeit, dem Bergbau entsprechenden Ersatz für die Entziehung der ihm unentbehrlichen Sprengmittel zu schaffen. Insbesondere die Gewerkschaft Deutscher Kaiser in Hamborn, der Bergbau Oberschlesiens und des Saargebietes haben sich, wohl nicht zuletzt im vaterländischen Interesse, um die Einführung und Verbreitung des Sprengverfahrens mit flüssigem Sauerstoff sehr verdient gemacht, dessen praktische Anwendung — seit der durch Linde gemachten Erfindung — doch eigentlich recht stiefmütterlich behandelt worden ist. Die Betriebsverhältnisse der oberschlesischen Gruben liegen hierfür besonders günstig, weil Schlagwetter nicht vorhanden und für die Kohlengewinnung nicht nur Streckenbetrieb, sondern auch Pfeilerbau in Anwendung sind. Es ließen sich hier mit dem neuen Sprengverfahren Erfahrungen sammeln, durch welche seine Vorteile sehr bald in Erscheinung traten, und dadurch, daß sich das Sprengen mit flüssigem Sauerstoff in der Folge wesentlich billiger gestaltete als bei Verwendung selbst des noch verhältnismäßig billigen Sprengsalpeters, ist das Zutrauen, welches die oberschlesischen Gruben dem neuen Sprengverfahren entgegenbrachten, nicht nur nicht getäuscht, sondern auch in Gestalt von nicht unbedeutenden Betriebsersparnissen belohnt worden.

Nachdem sich die praktische Anwendungsmöglichkeit in oberschlesischen Betrieben erwiesen hatte, breitete sich das Schießen mit Sprengluftstoffen in anderen Bergbaubezirken ebenfalls aus und fand auch im Erz- und Kalibergbau größere Anwendung. Die Verbreitung, welche das Sprengen mit flüssigem Sauerstoff in den letzten Jahren gefunden hat, geht einerseits schon aus der Anzahl der benötigten Aufbewahrungs-, Transport- und Arbeitsgefäße hervor, noch deutlicher aber ist die bisherige Verbreitung aus den inzwischen zur Aufstellung gekommenen Anlagen zur Gewinnung von flüssigem Sauerstoff und ihrer Leistungsfähigkeit zu übersehen.

In der folgenden Übersicht sind diese Anlagen für die verschiedenen Gruppen des Bergbaues aufgeführt:

I. Kohlenbergwerke.

		Stunden-leistung
1.	Graf Henckel von Donnersmarck, Generaldirektion, Carlshof b. Tarnowitz, O.-.S., Radzionkaugrube .	50 Liter
2.	Do. für Hillebrandtschacht	20 »
3.	Do. für Hillebrandtschacht	50 »
4.	Do. für Hugozwanggrube, Menzelschacht	42 »
5.	Do. für Hugozwanggrube, Menzelschacht	42 »
6.	Do. für Antonienhütte, Gottessegengrube, Aschenbornschacht	30 »
7.	Do. für Antonienhütte, Gottessegengrube, Aschenbornschacht	30 »
8.	Gräfl. Bergverwaltung West, Neuhofgrube	15 »
9.	Do.	25 »
10.	Fürstl. Donnersmarcksche Berg- und Hüttendirektion, Schwientochlowitz, O.-S., Deutschlandgrube . .	50 »
11.	Do.	20 »
12.	Donnersmarckhütte, Oberschles. Eisen- und Kohlenwerke A.-G., Abwehrgrube b. Hindenburg, O.-S.	35 »
13.	Donnersmarckhütte A.-G. Hindenburg, O.-S.	30 »
14.	Do.	30 »
15.	Do.	30 »
16.	Gräfl. Schaffgottsche Werke, Beuthen, O.-S., Gräfin Johannaschacht, Bobrek, O.-S.	30 »
17.	Do. für Godullaschacht	20 »
18.	Do. für Hohenzollerngrube, Gotthardtschacht . . .	50 »
19.	Do. für Hohenzollerngrube, Gotthardtschacht . . .	50 »
20.	Do. für Gräfin Johannaschacht, Bobrek, O.-S. . . .	50 »
21.	Do. für Orzegow	50 »
22.	Do. für Orzegow	50 »

Übertrag: 799 Liter

Stundenleistung

Übertrag: 799 Liter

23. Gräfl. v. Ballestremsche Güterdirektion, Ruda, O.-S.
    für Castellengogrube . . . . 50 »
24. Do. für Brandenburggrube, Leoschacht . . . . 35 »
25. Do. für Wolfganggrube, Elisabethschacht . . . . . 50 »
26. Steinkohlenbergwerk Eminenzgrube b. Kattowitz, O.-S. 31 »
27. Rybniker Steinkohlengewerkschaft, Rybnik, O.-S., für
    Römergrube . . . . 30 »
28. Do. . . . . 15 »
29. Gleiwitzer Steinkohlengrube, Gleiwitz, O.-S. . . . 20 »
30. Georg v. Giesches Erben, Bergverwaltung der Giesche-
    grube, Nikischschacht b. Kattowitz, O.-S. . . . 20 »
31. Do. . . . . 40 »
32. Do. . . . . 40 »
33. Do. für Heinitzgrube . . . . 25 »
34. Do. . . . . 50 »
35. Kgl. Berginspektion I, Königshütte, O.-S., Königs-
    grube, Marieschacht . . . . 10 »
36. Kgl. Berginspektion II, Hindenburg, O.-S., Louisen-
    schacht . . . . 20 »
37. Do. Ostfeld . . . . 60 »
38. Do. . . . . 50 »
39. Oberschles. Eisenbahnbedarfs-A.-G., Friedenshütte b.
    Morgenroth, O.-S. . . . . 35 »
40. Bergverwaltung der Kleophasgrube, Zalenze, O.-S. . 30 »
41. Do. . . . . 5 »
42. A. Borsig, Berg- und Hüttenverwaltung, Borsigwerk,
    O.-S. . . . . 50 »
43. Do. . . . . 50 »
44. Hohenlohewerke A.-G., Hohenlohehütte, O.-S. . . . 20 »
45. Stephan, Frölich & Klüpfel, Scharley, O.-S. . . . 10 »
46. Verein. Königs- und Laurahütte A.-G., Laurahütte, O.-S. 50 »
47. Gewerkschaft Rhein I, Hamborn, Rhld., Schacht
    Wehofen . . . . 20 »
48. Zeche Neumühl, Hamborn, Rhld. . . . . 20 »
49. Gewerkschaft Deutscher Kaiser, Hamborn, Rhld.,
    Schacht I/VI . . . . 20 »
50. Gewerkschaft Lohberg, Hamborn, Rhld., Grube Hiesfeld 20 »

Übertrag: 1675 Liter

Stundenleistung
Übertrag: 1675 Liter

51. Gewerkschaft Rheinpreußen, Homberg a. Rh. . . . . 20 »
52. Eschweiler Bergwerksverein, Kohlscheid b. Aachen,
Grube Gouley . . . . 20 »
53. Steinkohlenbergwerk Friedrich-Heinrich, Lintfort, Rhld. 20 »
54. Kgl. Berginspektion I, Ibbenbüren i. W. . . . . . . 20 »
55. Kgl. Berginspektion II, Gladbeck i. Westf., Möller-
schächte . . . . 20 »
56. Kgl. Berginspektion III, Buer i. Westf., Zeche Wester-
holt . . . . 20 »
57. Kgl. Berginspektion IV, Waltrop i. Westf. . . . . . 20 »
58. Kgl. Berginspektion V, Zweckel i. Westf., Schacht
Scholven . . . . 20 »
59. Deutsch-Luxemburger Bergwerks- und Hütten-A.-G.,
Mengede i. Westf., Zeche Adolf v. Hansemann . 20 »
60. Zeche Zollverein, Caternberg i. Westf. . . . . 20 »
61. Arenbergsche A.-G. für Bergbau und Hüttenbetrieb,
Essen-Ruhr, Schachtanlage Prosper . . . . . . 25 »
62. Gelsenkirchener Bergwerks-A.-G., Gelsenkirchen,
Zeche Minister Stein . . . . 20 »
63. Phönix A.-G., Abt. Hoerder Verein, Hoerde i. Westf. 15 »
64. Do. . . . . 30 »
65. Kgl. Preuß. Fürstl. Schaumburg-Lippe Gesamtbergamt
Obernkirchen, Georgschacht . . . . 20 »
66. Kgl. Berginspektion I, Ensdorf-Saar . . . . 25 »
67. Kgl. Berginspektion II, Louisenthal-Saar . . . . 20 »
68. Kgl. Berginspektion IV, Dudweiler-Saar . . . . . . 20 »
69. Kgl. Berginspektion VI, Reden-Saar . . . . 20 »
70. Kgl. Berginspektion VII, Heinitz-Saar . . . . . . 20 »
71. Kgl. Berginspektion X, Göttelborn-Saar . . . . . 50 »
72. Do. für Grube Dilsburg . . . . 30 »

2170 Liter

II. Erzbergwerke.

1. Friedr. Krupp A.-G., Essen, Frankenstein, Schl. . . 15 Liter
2. Georgs-Marien-Bergwerks- und Hüttenverein A.-G.,
Osnabrück, für Louisenschacht, Hasbergen . . . 10 »
3. Do. für Grube Pern . . . . 18 »

Übertrag: 43 Liter
6*

Stundenleistung
Übertrag: 43 Liter

4. Kaiserl. Schutzverwaltung Metz, für Grube Joeuf . .	25	»
5. Do. für Grube Jarny	25	»
6. Do. für das Gebiet Longwy und Briey	30	»
7. Do. für Grube Droiteaumont	25	»
8. Do.	30	»
9. Do.	30	»
10. Do.	30	»
11. Do.	30	»
12. Do.	30	»
13. Do.	30	»
14. Do.	30	»
15. Do.	30	»
16. Do. für Longwy und Auboué	20	»
17. Lothringer Hüttenverein Aumetz-Friede, Kneuttingen, Grube Haringen, Algringen, Lothr.	20	»
18. Do.	60	»
19. Gutehoffnungshütte Akt.-Verein, Fentsch b. Diedenhofen, Grube Karl Lueg	20	»
20. Gutehoffnungshütte A.-G., Verein für Bergbau und Gußstahlfabrikation, Grube Steinberg	30	»
21. Röchlingsche Eisen- und Stahlwerke, Völklingen-Saar, für Hermannschacht, Lothr.	20	»
22. Do. für Algringen, Lothr.	50	»
23. De Wendelsche Berg- und Hüttenwerke, Hayingen, für Grube de Wendel, Hayingen	20	»
24. Do.	50	»
25. Do. für Grube Mövern	50	»
26. Gewerkschaft Reichsland, Bollingen, Lothr.	30	»
27. Stahlwerk Thyssen A.-G., Hagendingen, Lothr., Grube Petersweiler	20	»
28. Gelsenkirchener Bergwerks-A.-G., Abt. Aachener Hüttenverein für Bergwerk Rote Erde, Deutsch-Oth, Lothr.	50	»
29. Do. für Grube St. Michel, Lothr.	50	»
30. Do.	50	»
31. Do.	20	»

Übertrag: 948 Liter

Stundenleistung

Übertrag: 948 Liter

32. Gebr. Stummsche Bergverwaltung Metz, Grube Großhettingen, Lothr. . . . . 25 »
33. Gebr. Stummsche Bergverwaltung, Metz, Grube Ida,
Algringen, Lothr. . . . . 25 »
34. Do. für Grube Großhettingen . . . . 25 »
35. Grubenverwaltung Moltke, Algringen, Lothr. . . . . 50 »
36. Friedr. Krupp A.-G., Essen, für Grube Ida und Ama-
lienzeche, Aumetz, Lothr. . . . . 25 »
37. Vereinigte Hüttenwerke Burbach-Eich-Düdelingen
A.-G., Grube Höhl, Esch, Luxemburg . . . . . 50 »
38. Do. für Grube Langengrund, Rümelingen, Luxemb. 50 »
39. Rombacher Hüttenwerke, Rombach, Lothr.. . . . . 20 »
40. Do. 50 »
41. Do. 50 »
42. Do. 30 »
43. A.-G. für Bergbau, Blei- und Zinkfabrikation, Grube
Ramsbeck, Aachen. . . . . 25 »
44. Gewerkschaft Mechernicher Werke, Mechernich-Eifel. 20 »
45. Rhein.-Nassauische Bergwerks- und Hütten-A.-G.,
Bensberg b. Köln . . . . 10 »
46. A.-G. Charlottenhütte, Niederschelden, Kr. Siegen . 20 »
47. Friedr. Krupp, Grube Bollnbach, Betzdorf, Kr. Siegen 15 »
48. Gewerkschaft Neue Haardt, Weidenau-Sieg . . . . 10 »
49. Vereinigte Stahlwerke van der Zypen und Wissener
Eisenhütten A.-G., Wissen . . . . 50 »
50. Braunsteinbergwerke Dr. Geier, Waldalgesheim a. Rh. 20 »
51. Friedr. Krupp A.-G., Essen, Grube Weilburg a. Lahn 25 »
52. Kgl. Berginspektion Clausthal a. Harz . . . . . . 20 »
53. Kgl. Berginspektion am Rammelsberg b. Goslar a. Harz 10 »
54. Ilseder Hütte, Gr.-Ilsede b. Peine . . . . 60 »
55. Do. 75 »
56. Eisenwerks-Ges. Maximilianshütte, Rosenberg, Ober-
pfalz (Bayern) . . . . 7 »

1715 Liter

III. Kalibergwerke.

1. Berginspektion Vienenburg a. Harz . . . . 20 Liter
2. Do. 20 »

Übertrag: 40 Liter

Stundenleistung

Übertrag: 40 Liter

3. Kgl. Berginspektion Bleicherode a. Harz . . . . . . 20 »
4. Gewerkschaft Wintershall, Heringen a. Werra . . . 5 »
5. Do. . . . . 50 »
6. Gewerkschaft Alexandershall, Berka a. Werra . . . 25 »
7. Do. . . . . 50 »
8. Kaliwerke Hattorf A.-G., Philippsthal a. Werra . . 20 »
9. Do. . . . . 50 »
10. Gewerkschaft Kaiserode, Tiefenort a. Werra . . . . 25 »
11. Gewerkschaft Einigkeit, Kalisalzbergwerk und Chem.
    Fabrik Ehmen b. Fallersleben i. Braunschw. . . 30 »
12. Gewerkschaft Asse i. Braunschweig . . . . 30 »
13. Deutsche Kaliwerke A.-G., Bernterode, Untereichsfeld 20 »
14. Gewerkschaft Glückauf, Sondershausen . . . . . . 50 »
15. Gewerkschaft Sachsen-Weimar, Unterbreizbach (Rhön) 20 »
16. Do. . . . . 24 »
17. Gewerkschaft Roßleben a. Unstrut . . . . 50 »
18. Kgl. Berginspektion, Staßfurt . . . . 20 »
19. Salzbergwerk Neustaßfurt, Staßfurt . . . . 25 »
20. Kaliwerke Aschersleben i. Sachsen . . . . 60 »
21. Adler-Kaliwerke, Oberröblingen a. See i. Sa. . . . . 20 »
22. Mansfeldsche Kupferschieferbauende Gewerkschaft Eis-
    leben i. Sa., Dittrichschacht . . . . 35 »
23. Hallesche Kaliwerke A.-G., Schlettau i. Sa.. . . . . 20 »
24. Kaliwerk Krügershall A.-G., Halle a. S. . . . . . . 20 »
25. Gewerkschaft Siegfried, Hannover . . . . 40 »
26. Kaliwerke Friedrichshall, Sehnde b. Hannover . . . 25 »
27. Gewerkschaft Hindenburg (Hannover) . . . . 30 »
28. Gewerkschaft Hildesia, Diekholzen b. Hildesheim . . 18 »
29. Gewerkschaft Riedel, Hänigsen b. Burgdorf i. Hann. 20 »
30. Gewerkschaft Hohenzollern, Freden a. Leine . . . . 25 »
31. Kaliwerke Salzdethfurth A.-G., Salzdethfurth b. Hil-
    desheim. . . . . 50 »
32. Herzogl. Salzwerksdirektion, Leopoldshall i. Anhalt . 60 »

977 Liter

Bis heute sind demnach im Kohlenbergbau 72 Sauerstoffgewinnungs-Anlagen mit Leistungen von zusammen 2170 Liter pro
Stunde, im Erzbergbau 56 Anlagen mit Leistungen von zusammen

1715 Liter pro Stunde und im Kalibergbau 32 Anlagen mit Leistungen von zusammen 977 Liter pro Stunde im Betrieb, und insgesamt werden bisher durch 160 für Sprengzwecke im deutschen Bergbau aufgestellte Sauerstoffgewinnungsanlagen 4862 Liter pro Stunde erzeugt. Wenn diese Anlagen vollständig ausgenutzt werden, kann mindestens mit einer durchschnittlichen Betriebszeit von 16 Stunden pro Tag gerechnet werden (2 Arbeitsschichten zu 8 Stunden). Die dann täglich gewonnene Menge an flüssigem Sauerstoff würde $4862 \cdot 16 = 77792$ Liter betragen oder pro Jahr mit 300 Arbeitstagen können 23337600 Liter Sauerstoff für Sprengzwecke erzeugt werden.

Da 1 Liter flüssiger Sauerstoff als Ersatz für 1 kg Sprengsalpeter und 1,5 Liter als Ersatz für 1 kg Dynamit ausreicht, sind durch die bisher zur Aufstellung gekommenen Sauerstoffgewinnungsanlagen rund 23,3 Mill. kg Sprengsalpeter oder 15,5 Mill. kg Dynamit zu ersetzen. Für Chloratsprengstoffersatz gilt die gleiche Zahl wie für Dynamit. Die Maschinenanlagen können aber vorteilhaft mit einer längeren täglichen Betriebszeit ausgenutzt werden; es würden sich dann, entsprechend den verlängerten Betriebszeiten, weit höhere Werte für die zu ersetzenden Mengen der bisher angewandten festen Sprengstoffe ergeben. Tatsächlich aber wird durch die aufgestellten Maschinen noch nicht die angegebene Sprengstoffmenge ersetzt, weil bei Anlagen, die auf Steinkohlenbergwerken mit Schlagwettergefahr aufgestellt sind, der flüssige Sauerstoff nur für Sprengarbeiten im Gestein ausgenutzt wird. Nachdem es jetzt aber möglich erscheint, auch schlagwettersichere Luftsprengstoffe zu verwenden, dürfte nunmehr einer besseren Ausnutzung der Maschinen nichts im Wege stehen.

b) Wirtschaftlichkeit und Schießversuche.

Für die Wirtschaftlichkeit des Sprengens mit flüssigem Sauerstoff sind maßgebend:

1. Die technisch-wirtschaftliche Erzeugung des flüssigen Sauerstoffs;

2. Haltbare Transport- und Arbeitsgefäße mit geringen Verdampfungsverlusten;

3. Verhältnismäßig billige Patronen mit bequemer Handhabung, großer Aufsaugefähigkeit für flüssigen Sauerstoff und damit

langer Lebensdauer, oder auch, zur Erzielung des gleichen
Zweckes, gut isolierende Patronenhüllen;

4. Die Leistungsfähigkeit der Sprengluftladung im Vergleich
zu den bisher gebräuchlichen Sprengstoffen;

5. Die Anpassung der Zünder und Zündverfahren an die Eigenart der Sprengstoffe mit flüssigem Sauerstoff und dessen tiefer
Temperatur.

In welcher Weise diese Voraussetzungen für die Wirtschaftlichkeit
dem Bergbau nunmehr zur Verfügung stehen, ist in den vorhergehenden Abschnitten über die einzelnen Elemente dargestellt, auf welche
sich das gesamte Verfahren aufbaut. Nichts kann aber wohl die Wirtschaftlichkeit besser beleuchten, als die Erfahrungen der praktischen
Anwendung.

Im oberschlesischen Bergbaubezirk sind reichhaltige Erfahrungen
gesammelt worden, weil sich dort das Sprengen mit flüssigem Sauerstoff zuerst eingeführt hat und nun längere Betriebsresultate vor-
liegen. In Tabelle 3 sind Betriebsergebnisse auf Grund von statisti-
schem Material aus dem praktischen Betriebe einer oberschlesischen
Grube des Kohlenbergbaus zusammengestellt. Die Tabelle sieht
einen Patronenpreis von 10 Pf. pro Stück vor und umfaßt das Arbeits-
ergebnis von 12 Monaten.

Nach den ersten Anfängen in der Verwendung des Sprengluftverfahrens ist dieses sehr bald auf die gesamte Förderung der Grube
ausgedehnt worden; in der Tabelle kommen die Sprengstoffkosten bei
Verwendung von Pulver im Jahre 1913, also bei noch billigen Pulver-
preisen, mit den Kosten nach dem neuen Sprengverfahren zum Vergleich.

Es ergibt sich, daß mit $2\frac{1}{2}$ Patronen und 1 Liter Sprengluft
im Durchschnitt 6,3 to Kohle auf der betreffenden Grube gewonnen
wurden. Bei einem Patronenpreis von 10 Pf. pro Stück, den Kosten
von 15 Pf. pro Liter Sprengluft, worin die Amortisation und Verzinsung der Sauerstoffgewinnungsanlage einbegriffen ist, und bei
der reichlichen Abschreibung auf die Transportgefäße von $33\frac{1}{3}\%$
stellen sich die Gesamtkosten pro Tonne geförderter Kohle auf 7,48 Pf.
Gegenüber den Sprengstoffkosten von 1913, bei Verwendung von
Pulver mit 12,96 Pf. pro to, wurde bei Anwendung des Sprengluftverfahrens eine Ersparnis von 5,48 Pf. = 42% pro to Förderung erzielt.
Im Januar 1917 hat die gleiche Grube bei einer Gesamtförderung
von 44201,3 to, davon 48,45% im Pfeilerbau und 51,55% im Streckenbetrieb, welche mit 7802 Liter Sprengluft gewonnen wurden, pro

Tabelle 3.

	Geförderte Kohle (mit fl. Luft) t	Luftverbrauch insgesamt Liter	Luftverbrauch insgesamt ℳ	Luft hiervon auf 1 t ₰	Patronenverbrauch insgesamt Stück	Patronenverbrauch insgesamt ℳ	Patronen hiervon auf 1 t ₰	Gefäße-Amortisation 33⅓% Wert der vorhandenen Gefäße + Zugang	Bezogen auf 1 Monat ℳ	Bezogen auf 1 t ₰	Kosten auf 1 t bei Pulver 1913	Kosten auf 1 t mit Sprengluft 15/16	Erspart insgesamt	Erspart auf 1 t ₰
September 1915	15 505,—	3 066,42	459,96	2,96	7 901	790,1	5,10	5 371,20	149,20	0,96	12,96	9,02	610,90	3,94
Oktober	44 317,—	9 195,7	1 379,35	3,11	19 507	1 950,7	4,40	13 283,30	368,94	0,83	12,96	8,34	2 047,45	4,62
November	42 615,—	9 479,—	1 421,85	3,33	18 208	1 820,8	4,27	12 914,36	358,73	0,84	12,96	8,44	1 926,20	4,52
Dezember	43 047,—	9 345,—	1 401,75	3,25	14 284	1 428,4	3,32	12 555,66	348,77	0,81	12,96	7,38	2 402,02	5,58
Januar 1916	42 337,—	7 987,—	1 198,05	2,83	14 261	1 426,1	3,37	12 101,89	336,16	0,79	12,96	6,99	2 527,52	5,97
Februar	31 571,8	4 600,8	690,12	2,18	11 918	1 191,8	3,78	11 765,73	326,83	1,03	12,96	6,99	1 874,84	5,97
März	46 446,4	6 720,—	1 008,—	2,17	18 614	1 861,4	4,01	11 538,15	320,50	0,69	12,96	6,87	2 828,57	6,09
April	39 901,8	5 909,—	886,35	2,22	16 834	1 683,4	4,22	11 247,65	340,21	0,85	12,96	7,29	2 262,43	5,67
Mai	48 730,5	7 128,2	1 069,20	2,19	23 425	2 342,5	4,81	12 249,44	340,23	0,70	12,96	7,70	2 563,24	5,26
Juni	44 032,3	6 715,6	1 007,34	2,28	18 143	1 814,3	4,12	11 909,18	330,81	0,75	12,96	7,15	2 558,28	5,81
Juli	50 667,1	8 097,4	1 214,61	2,40	20 630	2 063,0	4,07	11 578,37	321,62	0,63	12,96	7,10	2 969,09	5,86
August	51 866,75	9 422,—	1 413,30	2,72	21 416	2 141,6	4,12	11 256,75	309,91	0,60	12,96	7,44	2 863,04	5,52
	501 037,65	87 666,12	13 149,88	2,64	205 141	20 514,1	4,13			0,71		7,48	27 433,58	5,40

Tabelle 4.

	Geförderte Kohle (mit fl. Luft) t	Luftverbrauch insgesamt Liter	Luftverbrauch insgesamt ℳ	Luft hiervon auf 1 t ₰	Patronenverbrauch insgesamt Stück	Patronenverbrauch insgesamt ℳ	Patronen hiervon auf 1 t ₰	Gefäße-Amortisation 33⅓% Wert der vorhandenen Gefäße + Zugang	Bezogen auf 1 Monat ℳ	Bezogen auf 1 t ₰	Kosten auf 1 t bei Pulver 1913	Kosten auf 1 t mit Sprengluft 15/16	Erspart insgesamt	Erspart auf 1 t ₰
Mai	26 831,30	6 750,—	1 012,50	3,77	22 100	2 210,00	8,23	17 050,—	473,61	1,76	16,8	13,7	831,77	3,1
Juni	33 505,35	7 901,—	1 185,15	3,53	23 350	2 335,00	6,95	16 690,39	463,62	1,38	16,8	11,8	1 678,26	5,0
Juli	39 165,15	9 437,—	1 415,55	3,61	25 386	2 538,60	6,48	16 226,77	450,75	1,15	16,8	11,2	2 193,25	5,6
August	39 542,75	9 894,—	1 484,10	3,75	26 900	2 690,00	6,80	15 776,02	438,22	1,11	16,8	11,6	2 056,22	5,2
September	38 509,88	11 382,2	1 707,33	4,43	26 200	2 620,00	6,79	15 337,70	426,05	1,10	16,8	12,3	1 735,64	4,5
Oktober	39 573,30	11 488,—	1 723,20	4,35	27 600	2 760,00	6,97	14 911,75	414,22	1,05	16,8	12,3	1 780,80	4,5
	217 247,73	56 852,2	8 527,83	3,90	151 536	15 153,60	7,04			1,26		12,2	10 175,94	4,66

1 Liter 5,7 to Kohle gefördert. Die Amortisationsquote für Gefäße
ist von 0,71 Pf., dem Durchschnitt der Tabelle 3, auf 0,61 Pf. pro to
Förderung zurückgegangen.

Selbstverständlich sind die zu erzielenden Ergebnisse von den
in der Grube jeweilig vorliegenden Arbeitsverhältnissen abhängig.
So zeigt Tabelle 4 die Resultate eines anderen Grubenbetriebes im
oberschlesischen Bezirk für die Dauer von 6 Monaten und ebenfalls
wieder bei Zugrundelegung eines Patronenpreises von 10 Pf. pro Stück.
Die Sprengstoffkosten des Jahres 1913 betrugen bei Verwendung
von Pulver auf dieser Grube 16,8 Pf. pro to Förderung. Auf dieser
Grube wurden mit 1 Liter Sprengluft und 1,4 Patronen 3,84 to Kohle
gewonnen. Bei den gleichen Grundpreisen und Abschreibungen
wie im ersten Beispiel stellen sich hier die Gesamtkosten bei Anwendung des neuen Sprengverfahrens pro Tonne Förderung auf 12,1 Pf.,
und die Ersparnis in den Sprengstoffkosten gegenüber den Pulver-
preisen im Jahre 1913 beträgt 4,60 Pf. oder 27,7 %. Auch auf dieser
Grube liegen im Januar 1917 die Verhältnisse nahezu ebenso, wie
in der Tabelle für Mai bis Oktober 1916 angegeben. Bei einer Gesamtförderung von 38066,6 to, davon im Pfeilerbau 42,7 %, im Streckenbetrieb 57,3 %, wurden pro Liter Sauerstoff 3,52 to Kohle gefördert,
und die hohe Durchschnitts-Amortisationsquote für Gefäße aus Tabelle 4 ist auf 1,16 Pf. pro to zurückgegangen.

Wie schon aus den hohen Sprengstoffkosten bei Verwendung
von Pulver für 1913 ersichtlich, liegen bei dem zweiten Beispiel die
Betriebsverhältnisse der Grube in Bezug auf die Sprengarbeit wesentlich ungünstiger, trotzdem aber sind auch in diesem Falle die Ersparnisse, welche das neue Sprengverfahren bietet, noch sehr bedeutend.

Auf Grund der von den verschiedenen Gruben ermittelten Erfahrungen ergeben sich für die Verhältnisse des Kohlenbergbaus
in Oberschlesien, daß im Durchschnitt für 1 to geförderte Kohle gebraucht werden:

0,4 Patronen,
0,2 Liter Sprengluft und
0,9 Pf. als Amortisationsquote für Gefäße.

Für Patronen kann ein Preis von 10 Pf. pro Stück eingesetzt
werden. Die Kosten für den flüssigen Sauerstoff ermitteln die Gruben
bei den dort in Betracht kommenden geringen Strompreisen durchschnittlich mit 15 Pf. pro Liter, einschließlich Verzinsung und Amortisation der Maschinenanlage. Hieraus ergeben sich die Durchschnitts-

kosten des Sprengens mit flüssigem Sauerstoff für eine Tonne Kohlenförderung in Oberschlesien mit:

$$0,4 \cdot 10 \text{ Pf.} + 0,2 \cdot 15 \text{ Pf.} + 0,9 \text{ Pf.} = 7,9 \text{ Pf.}$$

Im Jahre 1913 wurden in Oberschlesien bei einer Förderung von rund 43 000 000 to Kohle 7 909 000 kg feste Sprengstoffe, und davon 73 % Schwarzpulver, 10 % Dynamit und 17 % Chlorate, im Gesamtwert von M. 5 605 000 gebraucht[1]). Es wurden also von diesen Sprengstoffen für eine Tonne Kohlenförderung 0,184 kg zu 70,87 Pf. benötigt, was einem Sprengstoffverbrauch von 13,03 Pf. für eine Tonne Kohlenförderung entspricht. Ein Vergleich dieser Durchschnittswerte ergibt zu Gunsten des neuen Sprengverfahrens eine Ersparnis von 13,03 — 7,9 = 5,13 Pf. pro to Förderung, oder 39,3 %. Die Gesamtersparnis bei der Förderung von 43 Millionen Tonnen ergibt die stattliche Summe von rund 2,2 Mill. M. pro Jahr allein für den oberschlesischen Bergbaubezirk.

In Anbetracht dessen, daß der Grundstoff für die bisher gebräuchlichen festen Sprengstoffe, der Salpeter, vom Ausland eingeführt wird, dürfte diese Ersparnis von besonderer Bedeutung sein. Für die jetzige anormale Zeit, wo die Sprengstoffe naturgemäß wesentlich teurer sind als 1913, ist die erzielte Ersparnis ganz bedeutend größer; für 1916 hätte sie mindestens ca. M. 3,5 Mill. betragen, wenn die Gesamtförderung im oberschlesischen Bezirk nach dem neuen Sprengverfahren gewonnen würde.

Eine weitere Ersparnis ergab die Praxis noch dadurch, daß der Grobkohlenfall, Stücke über 4 cm Durchmesser, bei Anwendung der Sprengluftstoffe wesentlich günstiger ausfällt. Es ist hierfür eine Steigerung von 5—6 % beobachtet worden, was einer Wertverbesserung der Fördermenge von etwa 3 Pf. pro to entspricht.

Schließlich hat sich noch eine wesentliche Ersparnis an Bohrlöchern ergeben, weil die Leistung der Sprengluftladung größer ist als bei den bisher verwendeten und zum Vergleich herangezogenen, hauptsächlich aus Sprengsalpeter bestehenden Sprengstoffen. Man konnte infolgedessen längere Bohrlöcher stoßen und größere Vorgabe geben. Die Ersparnis von Bohrlöchern bringt auch Ersparnis an Bohrgeräten, an Löhnen für die Bohrarbeit und auch an Zündmitteln; zusammengenommen sollen diese Ersparnisse bei Strecken 30 % und bei Pfeilern 40 % der bisher hierfür erforderlichen Ausgaben betragen.

---

[1]) Statistik der O.S. Berg- und Hüttenwerke für das Jahr 1913.

Aus der angeführten Statistik der O.S. Berg- und Hüttenwerke ist der Durchschnitts-Sprengstoffbedarf für 1 to Förderung
mit 184 g ermittelt, wobei aber Dynamit und Chlorate einbegriffen
sind. Soll nur Sprengsalpeter in Vergleich mit der Sprengluft gebracht werden, so ergibt sich als Mittelwert, daß mit 2 Patronen,
welche zusammen 1 Liter Sprengluft gebrauchen, 1 kg Sprengsalpeter
ersetzt wird, womit je 5 to Kohle gewonnen werden. Die Wirtschaftlichkeit des Sprengluftverfahrens ermittelt sich hierbei gegenüber
Sprengsalpeter wie folgt:

2 Patronen zu 10 Pf. . . = 20 Pf.	Preis für 1 kg
1 Liter Sprengluft zu 15 Pf. = 15 »	Sprengsalpeter:
Da 5 to Kohle hiermit ge-	
wonnen werden, beträgt die	1913 | 1916
Amortisationsquote für Ge-	**60 Pf.** | **88 Pf.**
fäße 0,9 Pf. · 5 . . . . . = 4,5 »	
39,5 Pf.	

Vorstehender Vergleich zeigt, daß selbst gegenüber dem verhältnismäßig billigen Sprengsalpeter die Vorteile des Sprengens mit
flüssigem Sauerstoff doch recht wesentlich sind.

Noch erheblich günstiger gestaltet sich ein Vergleich der Sprengluftstoffe gegenüber den Dynamitsprengstoffen. Die Erfahrung im
praktischen Betrieb hat gezeigt, daß für die gleiche Sprengwirkung,
wie sie mit 1 kg Dynamit zu erzielen ist, 2½ Sprengluftpatronen mit
einem Verbrauch an flüssigem Sauerstoff von 1,3—1,5 Liter benötigt
werden. In diesem Sprengluftverbrauch sind, wie auch bei den frü-
heren Beispielen, alle Verluste von der Verflüssigungsanlage an bis zum
Abtun des Schusses enthalten. Der Preis für Patronen von 30 mm
Durchmesser und 300 mm Länge mit Füllung für Dynamitersatz
beträgt 11 Pf. pro Stück. Die Sprengluft mit hohem Sauerstoffgehalt kostet bei einem Strompreis von 3 Pf. pro kW und Stunde
nicht mehr als 18 Pf. pro Liter. Rechnet man die Amortisationsquote
für Gefäße, die sich im Kohlenbergbau auf Grund zahlreicher
Betriebsbeobachtungen im Durchschnitt auf 0,9 Pf. pro to Förderung stellt, auf den Patronen- bezw. Luftverbrauch um, so ergibt
dies pro Patrone oder für 0,5 Liter Luftverbrauch den Betrag von
2,25 Pf.

Die Wirtschaftlichkeit des Sprengluftverfahrens gegenüber Dynamit zeigt folgende Gegenüberstellung:

2½' Patronen zu 11 Pf. . = 27,5 Pf.

1 ½ Liter Sauerstoff zu 18 Pf. = 27,00 »

Gefäßamortisation:

(3 · 0,5 Liter) = 3 · 2,25 = 6,75 »

61,25 Pf.

Preis für 1 kg
Dynamit-Sprengstoffe:

1913	1916
125 Pf.	**180 Pf.**

Bei Beurteilung dieser Werte ist zu beachten, daß für die Kosten des neuen Sprengverfahrens die Beträge reichlich eingesetzt sind und daß sie außerdem die jetzigen hohen Materialpreise sowohl für Patronen, als auch für Gefäße wie auch für die Sauerstoffgewinnungsanlage berücksichtigen. Schließlich sind auch bei dem Dynamitersatz durch das neue Verfahren noch die indirekten Vorteile zu berücksichtigen, und zwar die Ersparnisse an Bohrlöchern und somit an Löhnen, weiter die Ersparnisse an Zündmitteln und schließlich die höhere Leistung pro Mann und Schicht.

Für Chloratsprengstoffersatz ergibt sich die gleiche Gegenüberstellung wie für Dynamit, da zum Ersatz von 1 kg Chlorate die gleiche Anzahl Patronen erforderlich ist; es würden nur die Preise für Chloratsprengstoffe, welche 1913 für 1 kg mit 90 Pf. und 1916 mit M. 1,20 berechnet wurden, einzusetzen sein. Als Vorteil gegenüber den Chloratsprengstoffen wird den Luftsprengstoffen aber außer ihrer größeren Sicherheit in der Handhabung noch besonders nachgerühmt, daß bei richtiger Anwendung keine schlechten Nachschwaden vorhanden sind; auf keinen Fall aber werden diese ungünstiger beurteilt, als sie bei Dynamit und Sprengsalpeter beobachtet werden.

Das Beispiel über die Wirtschaftlichkeit einer Sauerstoffgewinnungsanlage auf S. 77—79 läßt sich an Hand der vorstehenden Ergebnisse des praktischen Sprengluftbetriebes nunmehr vervollständigen.

Mit der Maschine werden jährlich 327 500 Liter flüssiger Sauerstoff erzeugt; damit sind zu ersetzen 327 500 kg Sprengsalpeter oder 218 333 kg Dynamit oder auch die gleiche Menge Chloratsprengstoffe. Die Ersparnisse betragen demnach pro Jahr:

Im Vergleich zu den Sprengstoffpreisen von 1913:	Im Vergleich zu den Sprengstoffpreisen von 1916:
bei Dynamit:	
218 333 · 1,25 = M. 272 916,25	218 333 · 1,80 = M. 392 999,40
Sprengluft:	
218 333 · 0,6125 = » 133 728,95	218 333 · 0,6125 = » 133 728,95
Ersparnisse = M. **139 187,30**	M. **259 270,45**

Im Vergleich zu den Spreng- stoffpreisen von 1913:	Im Vergleich zu den Spreng- stoffpreisen von 1916:
bei Chloraten:	
$218\,333 \cdot 0{,}90$ = M. 196 499,70	$218\,333 \cdot 1{,}20$ = M. 261 999,60
$218\,333 \cdot 0{,}6125$ = » 133 728,95	$218\,333 \cdot 0{,}6125$ = » 133 728,95
Ersparnisse = M. **62 770,75**	M. **138 270,65**
bei Sprengsalpeter:	
$327\,500 \cdot 0{,}60$ = M. 196 500,—	$327\,500 \cdot 0{,}88$ = M. 288 200,—
$327\,500 \cdot 0{,}395$ = » 129 362,50	$327\,500 \cdot 0{,}395$ = » 129 362,50
Ersparnisse = M. **67 137,50**	M. **158 837,50**

Da die Amortisation und Verzinsung des Anlagekapitals sowohl für die Sauerstoffgewinnung, als auch für den Gefäßpark bereits in den für das neue Sprengverfahren eingesetzten Kosten enthalten sind, bedeuten die außerdem noch erzielten Ersparnisse, daß sich die Maschinenanlage, wenn sie als Ersatz für Dynamit gebraucht wird, in längstens einem Jahre, bei Chloratersatz in rund 2 Jahren, bei Sprengsalpeterersatz in rund 1½ Jahren vollständig bezahlt gemacht hat, selbst wenn für die bisher gebrauchten Sprengstoffe die Preise vom Jahre 1913 eingesetzt werden. Unter den Verhältnissen mit bedeutend höheren Preisen für die festen Sprengstoffe ist die Zeit, in der sich das Anlagekapital durch die erzielten Ersparnisse gänzlich amortisiert hat, naturgemäß wesentlich kürzer.

Aus der Anzahl der im Kalibergbau zur Aufstellung gekommenen Sauerstoffgewinnungsanlagen läßt sich schon schließen, daß auch hier die Anwendung des Sprengluftverfahrens Vorteile bietet. Wie sich diese hier gestalten, ist im Kalirevier wiederholt durch Schießversuche nachgewiesen worden und im folgenden aus Versuchen, die bereits Anfang 1916 ausgeführt wurden, zu ersehen.

Strecke im Liegenden (älteres Steinsalz)
$4 \times 2{,}2$ m Querschnitt.

Die Zahlen bei den Löchern geben die Anzahl der Patronen an.

Die ausgebrachte Länge betrug bei der abgebildeten Anordnung und Einbruch am rechten Stoß, am linken Stoße 1,30 lfd. m = 5,72 cbm, bei nur 15 Bohrlöchern auf den ganzen Streckenquerschnitt von $4 \times 2{,}2$ m und Verbrauch von 49 Flüssig-Luftpatronen, entsprechend einem Kostenaufwande von $49 \times 0{,}18$ = M. 8,82 für die sprengfertigen mit Sauerstoff getränkten

Einbruch am rechten Stoß.

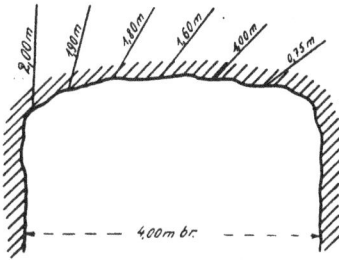

Fig. 43. Grundriß. Fig. 44. Aufriß.

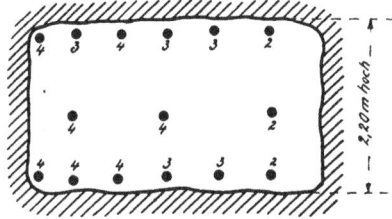

Vorgabe 75 cm bis 1,00 m bis 1,40 m.   Kompaktes, älteres Steinsalz.

Patronen und 15 × 0,08 = M. 1,20 für Sprengkapseln Nr. 8, zusammen also M. 8,82 + 1,20 = **M. 10,02.**

Die Sprengstoffkosten pro cbm gewonnenes Salz betragen mithin $\frac{10,02}{5,72}$ = **M. 1,75.**

Die Sprengstoffkosten betrugen vor derselben Arbeit nach dem Durchschnitt der letzten beiden Friedensmonate pro cbm M. 2,34 bei kombiniertem Schießen mit Dynamit und Salpeter und 28 Bohrlöchern auf den Streckenquerschnitt.

Die Sprengstoffkosten ermäßigen sich daher im vorliegenden Falle beim Schießen mit flüssiger Luft gegenüber dem Schießen in Friedenszeiten um 2,34 — 1,75 = **M. 0,59 pro cbm.**

Außerdem sind gegen früher pro 8 stündige Schicht 13 Bohrlöcher gespart.

Durch das vorher übliche kombinierte Schießen hätten die Bohrlöcher der Versuchsanordnung, wegen der gewaltigen Vorgabe der Mittellöcher, mit Erfolg überhaupt nicht abgeschossen werden können; das gleiche gilt für Koronit.

Bei der Ausführung des vorstehenden Versuches wurde probeweise zunächst der 1. Gang mit 3 Loch gleichzeitig für sich einwandfrei abgeschossen, was in 5 Minuten erledigt war.

Hierauf wurde der 2., 3. und 4. Gang und das Mittelloch des 5. Ganges mit zusammen 8 Loch gleichzeitig und ebenfalls unter Verwendung von Zündschnur und Hütchen Nr. 8 weggetan, worauf die letzten 4 Löcher folgten.

Diese hätten bei den vorhergehenden 8 Löchern gleichzeitig mitgenommen werden können; da jedoch nur 1 Tauchgefäß vorhanden war, standen nicht genügend getauchte Patronen zur Verfügung. Das zweite Schießen mit 8 Loch war nach 10½ Minuten erledigt. Die jedesmaligen Nachschwaden müssen als gut bezeichnet werden.

Die Löcher des 3. und 5. Ganges (Mittellöcher) erwiesen sich als zu schwach geladen, wodurch die ausgebrachte Länge am linken Stoße ungünstig beeinflußt wurde.

3 Patronen erfordern einschließlich Verluste 1 Liter flüssige Luft. Diese kostet bei ausgenutzter Maschinenanlage pro Liter 18 Pf. Der Preis einer ungetränkten Patrone ist 12 Pf. Eine sprengfertige Patrone kostet demnach $12 + \dfrac{18}{3} = 18$ Pf.

Durch die jetzt bestehenden hohen Preise für die bisherigen Sprengstoffe sind die Sprengstoffkosten vor dieser Arbeit pro cbm von M. 2,34 in Friedenszeiten auf M. 3,32 gestiegen, womit sich auch die Ersparnis bei Verwendung flüssiger Luft pro cbm gewonnenes Salz um M. 0,98 auf **M. 1,57** erhöht.

Schießversuch am 27. Januar 1916 vor derselben Strecke, Einbruch als Doppelkeil in der Mitte angeordnet.

Die Zahlen unter den Löchern geben die Zahl der Patronen an, mit denen sie geladen wurden.

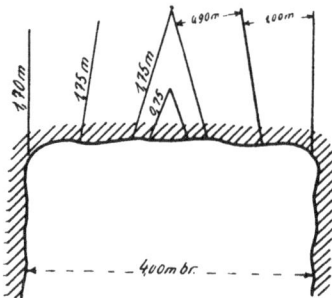

Fig. 45. Grundriß.
Fig. 46. Aufriß.
10 mm = 1 m.

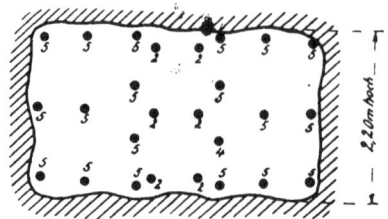

Das Wegtun dieses Streckenabschlages durch kombiniertes Schießen mit Miedziankit und Salpeter ist wegen der großen Vorgabe der Bohrlöcher und ihrer verhältnismäßig geringen Tiefe ausgeschlossen.

Durchschnittlich ausgebrachte volle Streckenlänge = 0,97 lfd. m = 8,54 cbm bei 26 Bohrlöchern auf den ganzen Abschlag und Ver-

brauch von 132 Flüssig-Luftpatronen, entsprechend einem Kostenaufwande von 132 $\times$ 0,18 = M. 23,76 für die sprengfertigen Patronen
und 30 $\times$ 0,08 = M. 2,40 für Sprengkapseln Nr. 8, zusammen also
M. 26,16 oder pro cbm gewonnenes Salz $\frac{26,16}{8,54}$ = M. **3,—**.

Die Sprengstoffkosten betrugen vor dieser Arbeit bei Benutzung
anderweitiger Sprengstoffe (Salpeter, Koronit und Miedziankit)
pro cbm M. 3,32, so daß sich zurzeit eine Ersparnis von M. 0,32 pro
cbm gewonnenes Salz ergibt, außerdem eine Mehrleistung von
0,53 cbm pro Mann und Schicht gegen früheres kombiniertes Schießen,
wobei die gleiche Leistung pro Mann und Schicht nur 3,74 cbm betrug, gegen $\frac{8,54}{2}$ = 4,27 cbm bei Verwendung flüssiger Luft.

Durch 2 Versager wurde dieses Ergebnis, bezogen auf die ausgebrachte Streckenlänge und Kubikmeterzahl, in hohem Maße ungünstig beeinflußt; die Vorteile beim Schießen mit flüssiger Luft im
normalen Dauerbetriebe werden sich noch ganz wesentlich erhöhen.

Wie namentlich der erste Versuch zeigt, sind bei richtiger Anordnung der Schießanlage auch im Kalibergbau ganz bedeutende
Ersparnisse durch Anwendung der Sprengstoffe mit flüssigem Sauerstoff zu erzielen. Durch die Fortschritte, welche inzwischen auch
mit den Zündern und Zündverfahren, die insbesondere für die Anwendung im Kalibergbau ausgebildet worden sind (s. »Zünder und
Zündverfahren«), haben sich mittlerweile die Ergebnisse des praktischen Betriebes auch weiter verbessert, wie dies in einer Veröffentlichung über »Erfahrungen mit dem Sprengstoff: Flüssiger Sauerstoff im Kalibergbau« von Bergassessor Heberle[1] bestätigt wird.

Es braucht wohl nicht besonders betont zu werden, daß die in
den beiden vorhergehenden Abschnitten dargelegten Ausführungen
keine doktrinären Ansprüche erheben sollen. Es ist selbstverständlich,
daß die Entscheidung, ob feste Sprengstoffe oder das neue Sprengluftverfahren zur Anwendung kommen sollen, stets nach Maßgabe
der besonderen örtlichen Verhältnisse des Grubenbetriebes zu treffen
ist. Daß aber Ersparnisse im allgemeinen mit dem neuen Verfahren
zu erreichen sind, hat seine bisherige Anwendung gezeigt; ob sie

---

[1] Heberle, Kali, Zeitschr. f. Gew., Verarb. und Verwertung der Kalisalze
Heft 8, 1910.

im besonderen Falle sich ergeben werden, muß die prüfende Überlegung und Berechnung erweisen.

VII. Verwendung des flüssigen Sauerstoffs für Rettungsapparate im Bergbau.

Die Polizeiverordnungen für den Bergwerksbetrieb schreiben vor,
auf jeder selbständigen Betriebsanlage Atmungsapparate, die den
Aufenthalt in schädlichen Gasen auf die Dauer von mindestens einer
Stunde ohne Gefährdung des Apparateträgers gestatten, sowie
Sauerstoff zu Wiederbelebungsversuchen zur jederzeitigen Benutzung

Fig. 47.

bereitzuhalten. Da nun auf einer großen Anzahl von Grubenbetrieben flüssiger Sauerstoff für Sprengzwecke vorhanden ist, gewinnen die Atmungsapparate, bei denen flüssiger Sauerstoff zur
Verwendung gelangt, größeres Interesse. Der Rettungsmann wird
von diesen Apparaten mit vollkommen reiner, angenehm kühler
Luft versorgt, und das Gewicht eines Atmungsapparates mit flüssigem Sauerstoff ist geringer als bei Apparaten, bei denen z. B. gas-
förmiger Sauerstoff in kleinen Stahlflaschen mitgeführt werden muß.
Im englischen Bergbaubetrieb hat man Atmungsapparate mit flüssiger Luft als vorteilhafter befunden und die Bestimmung getroffen, daß

in den Bergwerksbezirken jeweils für einen Umkreis von etwa 30 km eine Rettungsstation zu errichten ist, die mit einer Luftverflüssigungs-Anlage, einer entsprechenden Anzahl Transportflaschen für die flüssige Luft und einer größeren Anzahl derartiger Atmungsapparate ausgestattet sein muß. Mit einer solchen Rettungsstation sind gleichzeitig Übungsräume zum Anlernen der Rettungsmannschaft verbunden, wie Fig. 47 veranschaulicht.

Bei Einrichtung dieser englischen Rettungsstationen sind Atmungsapparate »Aerolith« nach dem Patent des Oberingenieurs Sueß, Mähr.-Ostrau, von der Hanseatischen Apparatebau-Gesellschaft in Hamburg ausgeführt, und für den Transport der flüssigen Luft auf Automobilen sind Metall-Kugelflaschen nach den Patenten Heylandt in größerer Anzahl nach England geliefert. Auch die Luftverflüssigungsanlagen für diese Rettungsstationen sind von Deutschland bezogen und in einer für diesen Zweck verhältnismäßig großen Anzahl mit Heylandtscher Expansionsmaschine zur Lieferung gekommen, weil man laut Gutachten eines Komitees der Institution of Mining Engineers mit keiner der in England hergestellten Luftverflüssigungsanlagen zufrieden war.

Mit dem Atmungsapparat »Aerolith«[1]) sind auch in Österreich bereits 1907 eingehende Versuche durchgeführt worden, bei denen die flüssige Luft aus einer Lindeschen Luftverflüssigungsanlage[2]) von den Witkowitzer Steinkohlengruben geliefert wurde; bei diesen Versuchen ergab sich, daß die Füllung des Apparates mit etwa 5 kg flüssiger Luft mehr als 2 Stunden ausreichte, also die bergpolizeiliche Forderung weit übertraf. Das ständige Komitee zur Untersuchung von Schlagwetterfragen hatte auf Grund der festgestellten großen Vorzüge die Verwendung des Atmungsapparates »Aerolith« sehr empfohlen, und es ist anzunehmen, daß mit der weiteren Ausbildung der Transportflaschen für flüssigen Sauerstoff und mit der Verbreitung der Sauerstoffgewinnungs-Anlagen im Bergbau auch eine weitere Vervollkommnung und Verbreitung der Atmungsapparate, bei denen flüssiger Sauerstoff zur Anwendung kommt, Hand in Hand gehen wird.

---

[1]) G r a h n , Der Aerolith, Zeitschr. »Glückauf« 1907, Nr. 11.
[2]) Ebendort.

VIII. Schlußwort.

Vor nunmehr 20 Jahren von Linde erfunden und inzwischen von ihm in enger Verbindung mit einem der bedeutendsten Sprengstoffwerke wissenschaftlich erforscht und auch bei mehrfachen Gelegenheiten erprobt, hat der neue Sprengstoff, die flüssige Luft, erst in den heutigen Tagen die seiner hervorragenden Bedeutung für den Bergbau entsprechende Beachtung und gesteigerte Anwendung gefunden, als man überall bemüht war, möglichst alle festen Sprengmittel der Heeresverwaltung für den Munitionsbedarf zur Verfügung zu stellen.

Die jetzt bereits vorliegenden praktischen und wirtschaftlichen Erfahrungen mehrerer Jahre berechtigen durchaus zu der Hoffnung, daß den Flüssigluft-Sprengstoffen eine günstige Weiterentwicklung beschieden sein wird, denn zu den sprengtechnischen und wirtschaftlichen Erfolgen, welche die Durchbildung dieses für den Bergmann neuen Sprengverfahrens schon gezeitigt hat, gesellt sich noch ein weiterer, gerade im Hinblick auf die bestehenden strengen bergpolizeilichen Sicherheitsvorschriften sehr schätzbarer Vorzug. Im Gegensatz zu den bisher üblichen fertigen Sprengmitteln, deren Lagerung und Transport mit dauernden Gefahren verknüpft ist, zumal sie gegen Entwendung und mißbräuchliche Benutzung niemals mit Sicherheit geschützt werden können, werden die Sprengstoffe mit flüssigem Sauerstoff erst unmittelbar in dem Augenblicke vor ihrer Verwendung vor Ort zu einem höchst leistungsfähigen Sprengkörper; sie sind aber als solche nicht lagerfähig und — falls nicht sofort für die Sprengung benutzt — schon in unverhältnismäßig kurzer Zeit nach ihrer Entstehung nur ein ganz harmloser Gegenstand, der jeden Mißbrauch völlig ausschließt.

Die lange Zeit, welche seit der Erfindung der Flüssigluft-Sprengstoffe bis zu ihrer erst in jüngster Vergangenheit in größerem Umfange erfolgten praktischen Anwendung im Bergbaubetriebe verstrichen ist, läßt wohl beredte Schlüsse ziehen auf die Schwierigkeiten, die sich der Einführung des neuen Verfahrens in den Weg stellten, das seine Brauchbarkeit in wiederholten Sprengungen zwar erwiesen hatte, jedoch die vielfach nur auf Vorurteilen beruhenden Hindernisse nicht so bald zu beseitigen vermochte. Diesen Vorurteilen gegenüber bahnbrechend gewirkt zu haben, ist, neben der durch Kowastch gegebenen neuen Anregung, das Verdienst des

Bergassessors Schulenburg, der bereits Herbst und Winter 1914, zum Teil gemeinsam mit Heylandt, durch zahlreiche Vorführungen von Sprengungen nach dem neuen Verfahren in allen Bergbaubezirken die Aufmerksamkeit der maßgebenden Kreise zu erwecken verstand.

Nichts konnte jedoch die Vervollkommnung und die Verbreitung der Anwendung des flüssigen Sauerstoffs mehr fördern, als die von der Bergindustrie willig übernommenen Bestrebungen, die bisher im Bergbau gewohnten festen Sprengmittel für den Heeresbedarf sicherzustellen: in überraschend kurzer Zeit gelang jetzt der Mitarbeit aller in Betracht kommenden Kreise auch die Anpassung des neuen Sprengverfahrens an die verschiedenartigen Betriebsverhältnisse der einzelnen Gruben, und es ist mit Sicherheit zu erwarten, daß das heute überaus rege Interesse aller Bergfachleute in nicht geringem Maße dazu beitragen wird, noch bestehende vereinzelte Mängel durch die praktischen Erfahrungen der Fachleute selbst zu beheben; wird doch schon die gute Anwendungsmöglichkeit des neuen Sprengverfahrens zur Genüge dadurch bewiesen, daß in vielen Grubenbetrieben die Arbeiter selbst, welche sich sehr schnell mit der Handhabung vertraut gemacht haben, dasselbe weitaus bevorzugen.

Wieder einmal sehen wir, wie es deutscher Wissenschaft, deutscher Technik und deutschem Fleiß gelungen ist, in der Erkenntnis und Ausnutzung der Naturkräfte selbst unter den erschwerenden Zeitverhältnissen einen wesentlichen Schritt vorwärts zu tun. Ohne die Verdienste anderer zu schmälern, darf man die hervorragende Bedeutung der genialen Erfindungen Lindes rühmend hervorheben, die sich den so zahlreichen Großtaten deutschen Erfindergeistes würdig anreihen und die erst die Gelegenheit geschaffen haben, auf seinen grundlegenden Arbeiten in der Erzeugung von Sauerstoff und dessen Verwendung für Sprengzwecke weiterzubauen.

Daß es Herrn Geheimrat Professor Dr. von Linde vergönnt ist, an seinem 75. Geburtstage in voller Rüstigkeit und Schaffensfreude auch diese seiner Erfindungen nutzbringend und zum Segen des Vaterlandes verwertet zu sehen, wird allen denen eine besondere Freude sein, die den Vorzug genießen, ihm geschäftlich oder persönlich nahezustehen.

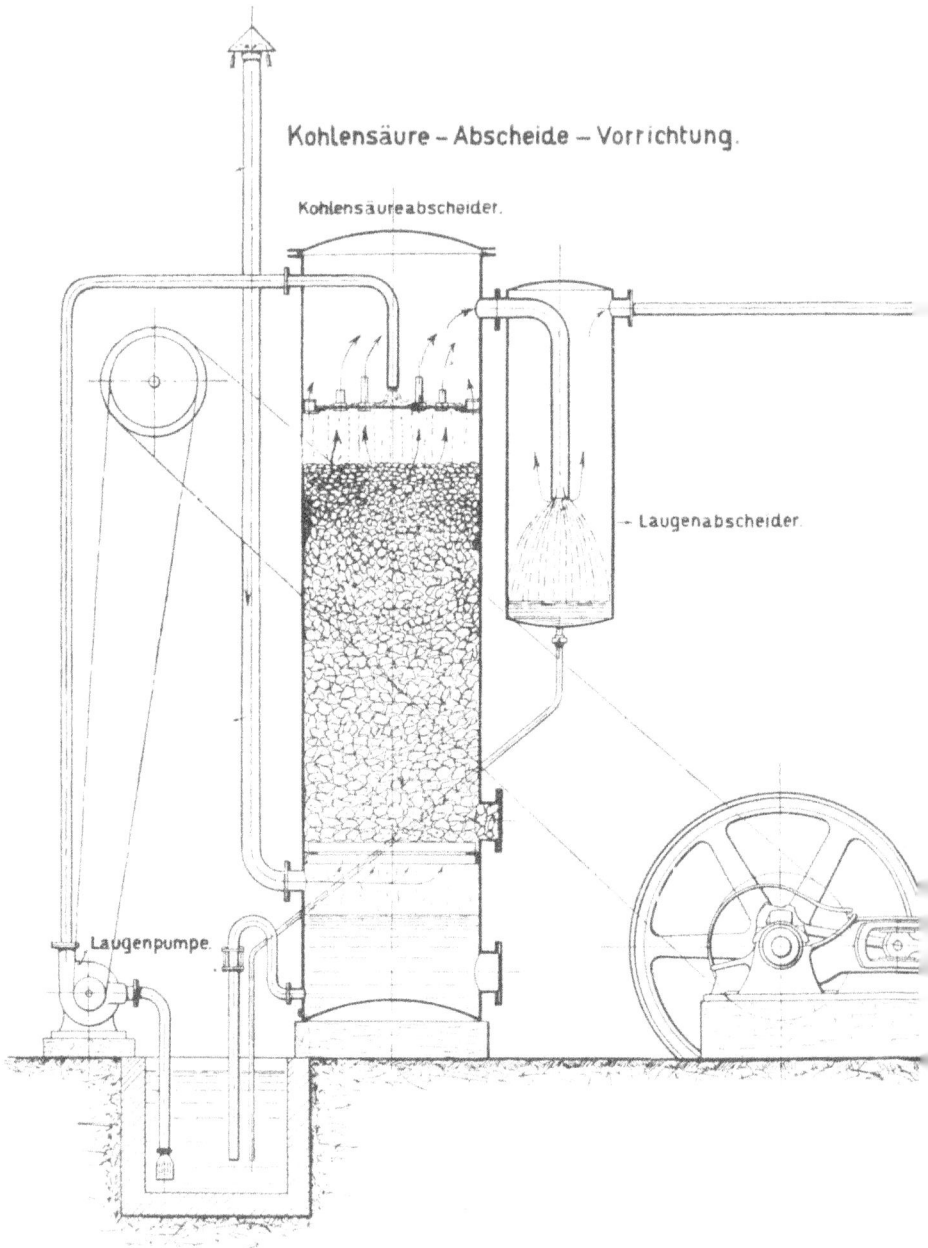

Kohlensäure – Abscheide – Vorrichtung.

Kohlensäureabscheider.

Laugenabscheider.

Laugenpumpe.

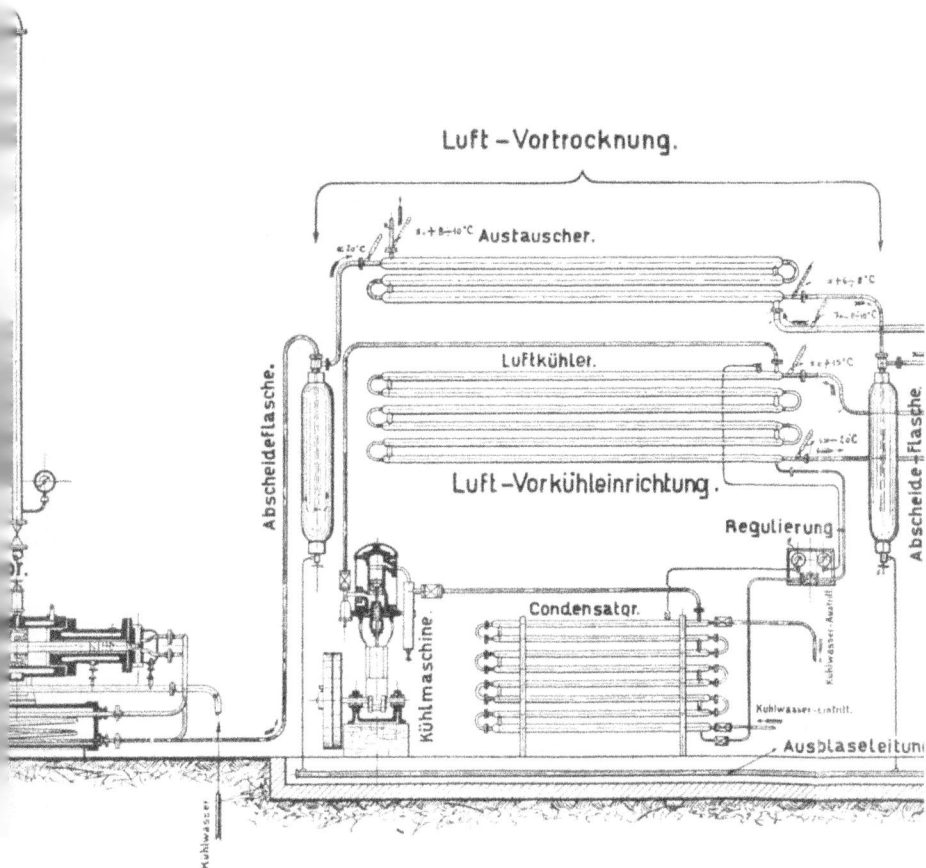

Luft - Vortrocknung.

Austauscher.

Luftkühler.

Luft - Vorkühleinrichtung.

Abscheideflasche.

Abscheide-Flasche

Regulierung

Condensator.

Kühlmaschine

Ausblaseleitung

Kühlwasser

Schema einer Anlage zur Gewinnung von flüssigem Sauerstoff für Sprengzwecke
(Deutsche Oxhidric-A. G.)

Luftvorwärmer.

Luft – Nachtrocknung D

Umschalt-
Vorrichtung.

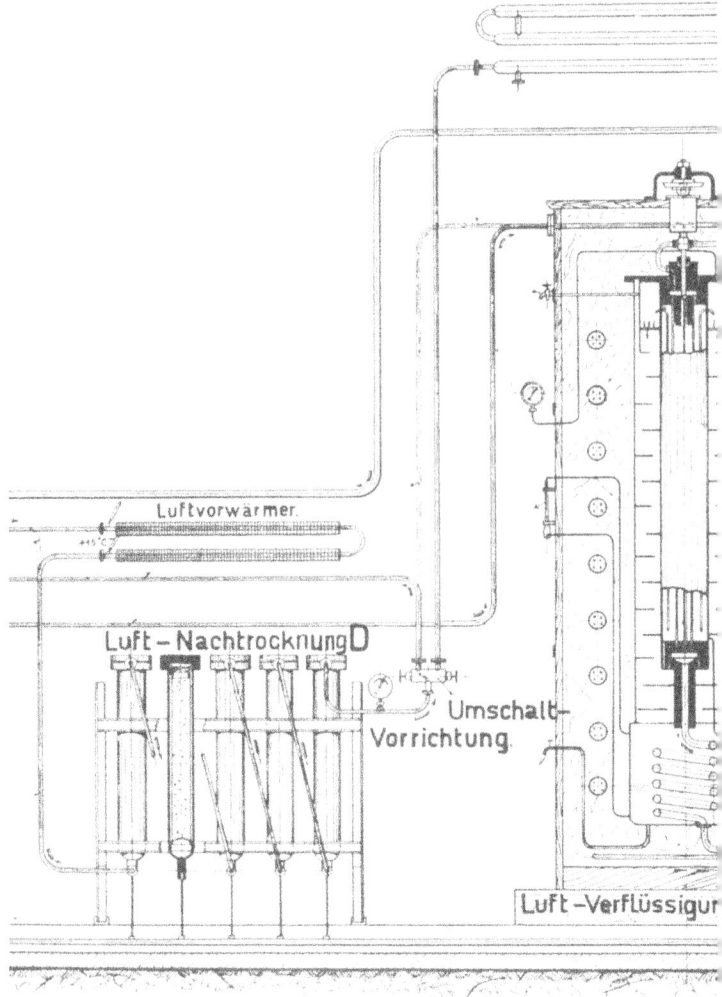

Luft – Verflüssigur

mit Vorkühlung durch Kältemaschine.

Auftau-Vorrichtung.

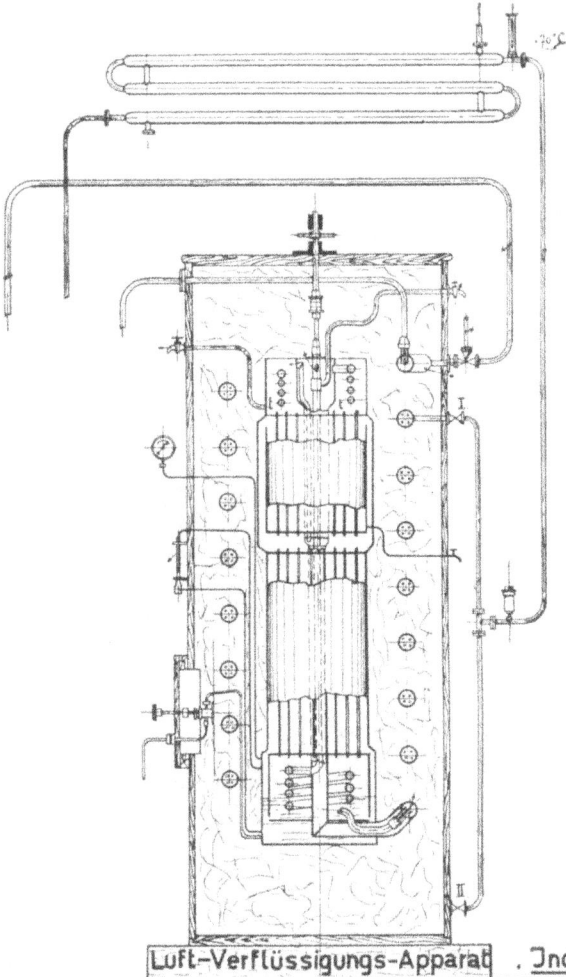

.70°C.

.70°C.

Sürth.

Luft-Verflüssigungs-Apparat . Indus.

Druck und Verlag von R. Oldenbourg, München u. Berlin.

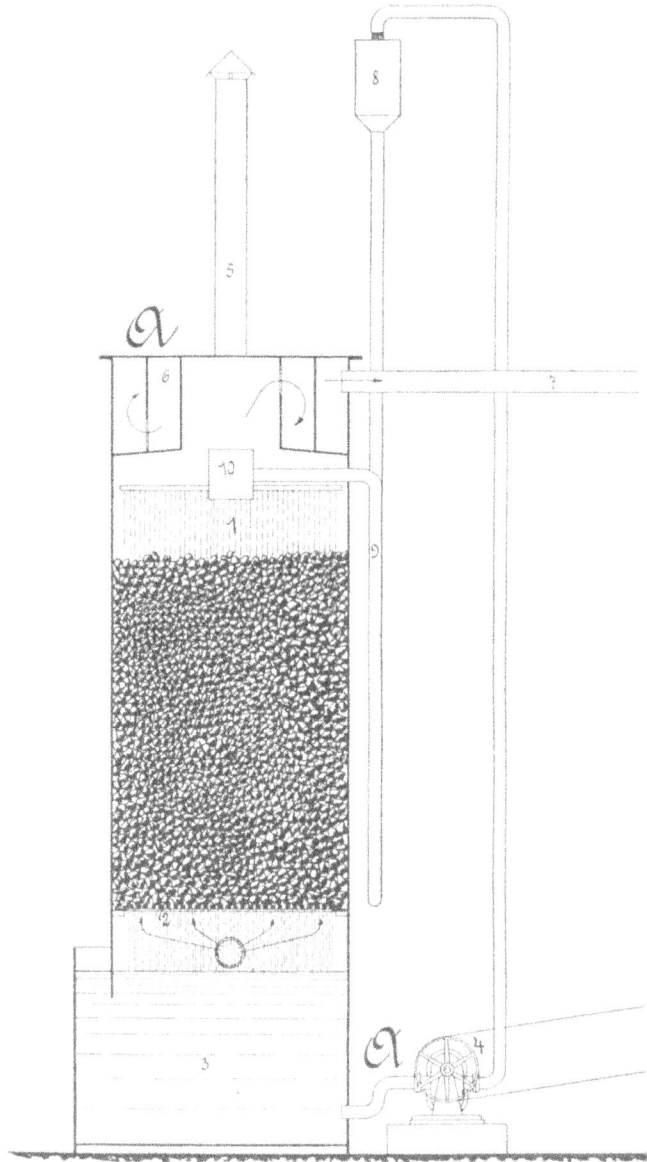

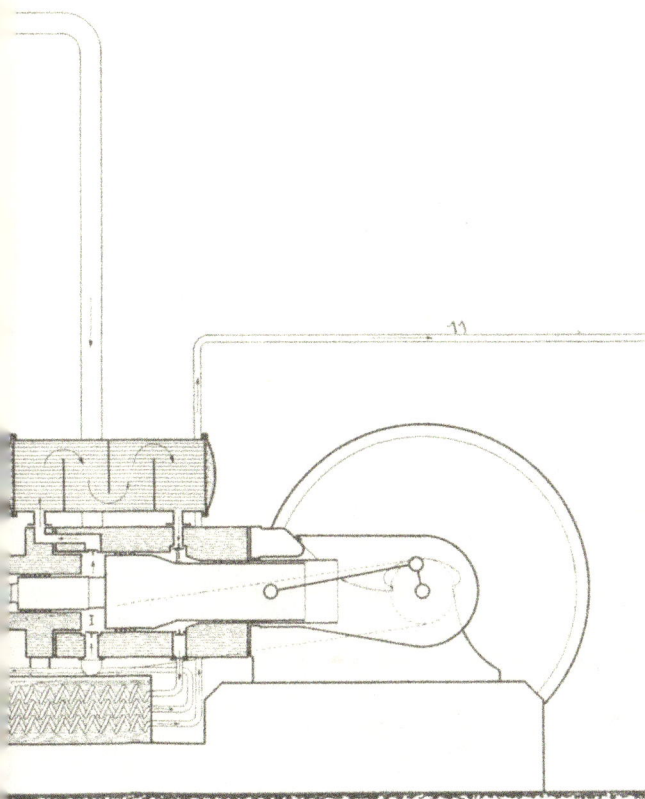

a einer Anlage zur Gewinnung von flüssigem Sauerstoff für

(Messer & Co.)

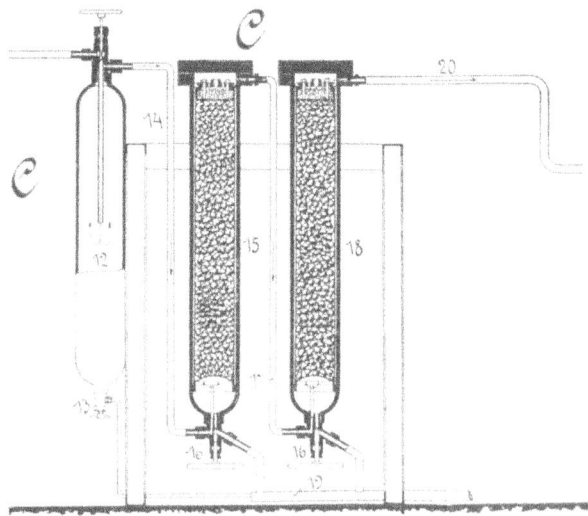

... sprengzwecke mit Vorkühlung durch Wasserverdunstung

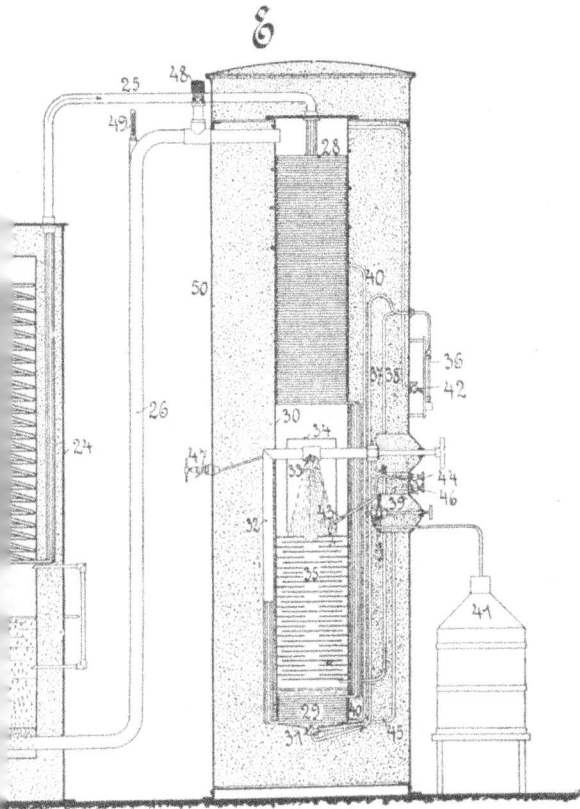

Druck und Verlag von R. Oldenbourg, München u. Berlin.

P A B S T, Flüssiger Sauerstoff.

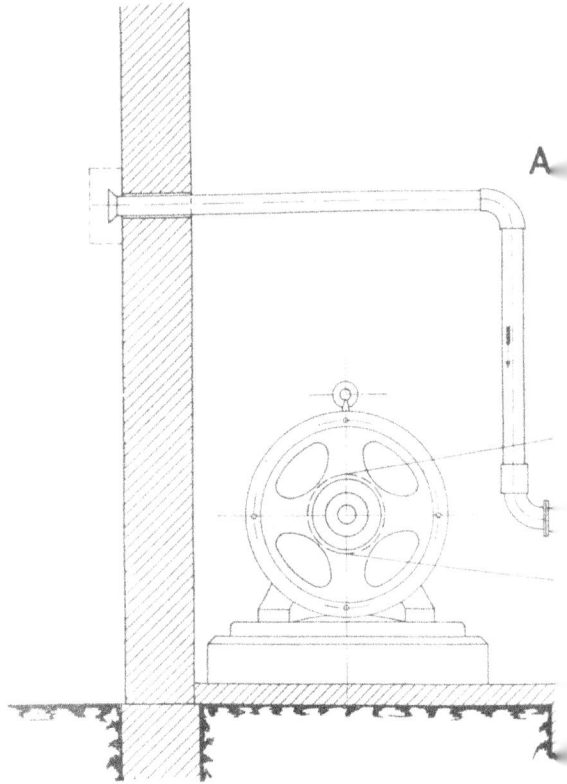

A

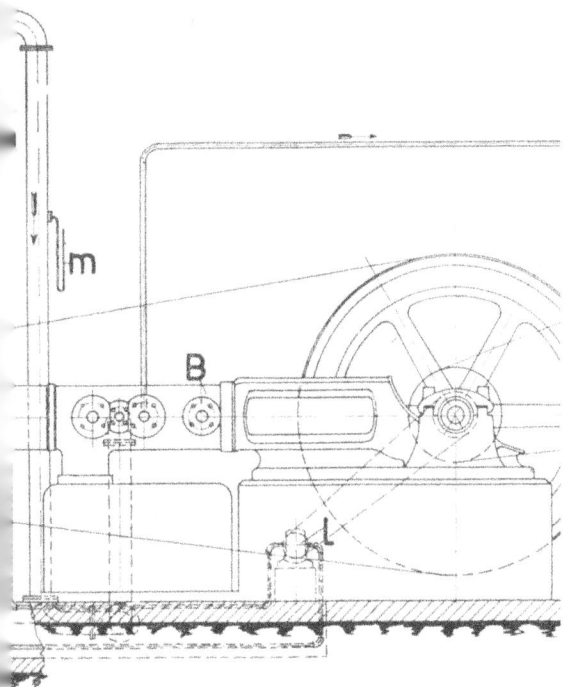

Schema einer Anlage zur Gewinnung von fl
mit Expansionsmaschi

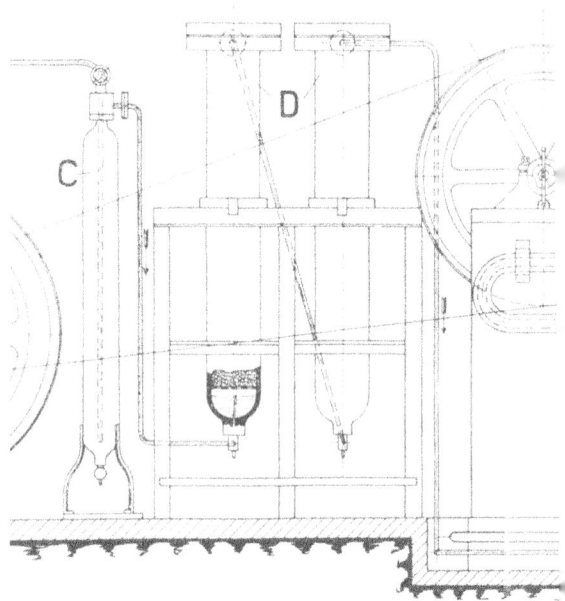

C   D

...issigem Sauerstoff für Sprengzwecke
...ne nach Heylandt.

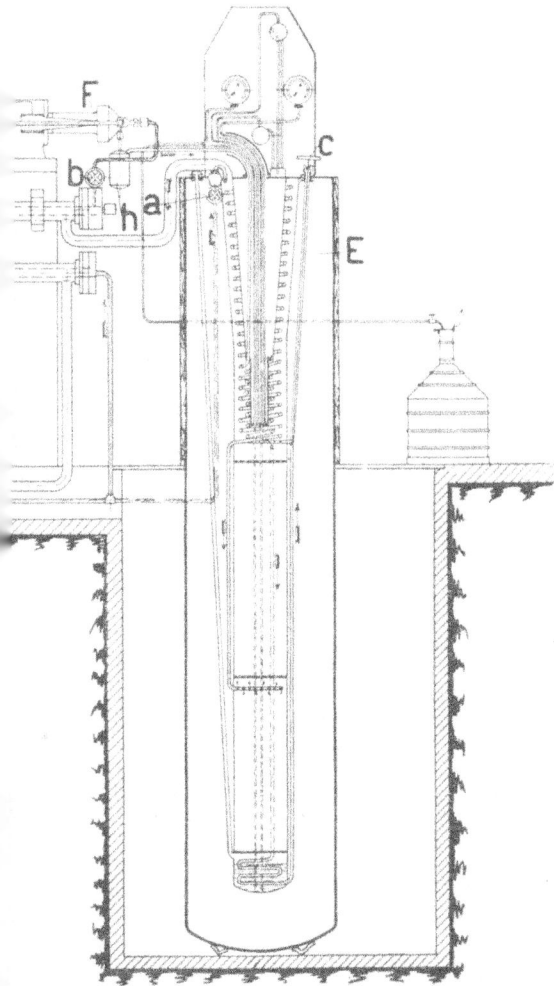

Druck und Verlag von R. Oldenbourg, München u. Berlin.

www.ingramcontent.com/pod-product-compliance
Lightning Source LLC
Chambersburg PA
CBHW031447180326
41458CB00002B/684